世界科普经典读库

化学的魔力

〔俄〕尼查耶夫 著
左鹏 编译

B
олшебство
химии

全国百佳图书出版单位
时代出版传媒股份有限公司
安徽人民出版社

图书在版编目(CIP)数据

化学的魔力/(俄罗斯)尼查耶夫著;左鹏编译.—合肥:安徽人民出版社,2016.12
(世界科普经典读库)
ISBN 978-7-212-09458-4

Ⅰ.①化… Ⅱ.①尼… ②左… Ⅲ.①化学—青少年读物 Ⅳ.①O6-49

中国版本图书馆 CIP 数据核字(2016)第 302637 号

化学的魔力
HUAXUE DE MOLI

〔俄〕尼查耶夫 著 左 鹏 编译

出版人:徐 敏	出版策划:朱寒冬	责任编辑:李 莉 项 清
出版统筹:徐佩和 黄 刚	责任印制:董 亮	装帧设计:程 慧
李 莉 张 旻		

出版发行:时代出版传媒股份有限公司 http://www.press-mart.com
　　　　　安徽人民出版社 http://www.ahpeople.com
地　　址:合肥市政务文化新区翡翠路 1118 号出版传媒广场八楼　邮编:230071
电　　话:0551-63533258　0551-63533292(传真)
印　　刷:合肥创新印务有限公司

开本:710mm×1010mm　1/16　印张:15　字数:280 千
版次:2016 年 12 月第 1 版　2019 年 10 月第 5 次印刷

ISBN 978-7-212-09458-4　　定价:28.00 元
版权所有,侵权必究

目录

一、化学的圣经 ················· 1
1.周期表是梦里想出的 / 2.周期表简介 / 3.金属元素各具特色 / 4.盐与惰性气体 / 5.从元素看宇宙地球 / 6.⬡是化学的代名词 / 7.有机化学与无机化学的差异 / 8.炼金术使化学变成"科学" / 9.钻石的价值永不改变

二、原子 ················· 15
1.元素是什么 / 2.从原子到分子 / 3.最初的元素 / 4.从炼金术到化学 / 5.元素周期表 / 6.分光器的应用 / 7.利用元素 / 8.有机化合物

三、原子核 ················· 60
1.如何制造回旋加速器 / 2.锝的意思是"人造" / 3.超越铀的元素 / 4.锞 / 5.突破难关 / 6.蘑菇云中的新发现

四、我们的行星——地球 ················· 93
1.空气 / 2.海 / 3.地壳

五、宇宙 ·············· 103
1.宇宙中的物质交换／2.宇宙的诞生

六、电子时代的元素 ·············· 122
1.原子内部的奥秘／2.电子的排布／3.核时代的燃料／4.第一个人造元素／5.地球上最少的元素／6."海王星"和"冥王星"／7.95号到100号元素／8."添丁"的麻烦／9.永远止镜

附一　门捷列夫小传 ·············· 140
附二　居里夫人与镭 ·············· 148
附三　诺贝尔与炸药 ·············· 184

一、化学的圣经

1. 周期表是梦里想出来的

"H,He,Li,Be,B,C,N,O,F,Ne……"这是一般人背周期表的方法。无论是喜欢还是讨厌化学的人,一听到化学,便联想到周期表,一听到周期表,就联想到化学,可见这两者之间的关系密不可分。

然而,大多数人并不知道,为完成元素周期表的研究工作,化学家们付出了多少心血。

提出化学元素想法的人,是被称为"近代化学之父"的法国化学家拉瓦锡。他设想:一切物质是否都由元素组成?为此他发表了"化学元素说"。令人遗憾的是,在元素尚未发现之前,他就在法国大革命中被送上了断头台。

拉瓦锡
(1743—1794)

门捷列夫
(1834—1907)

此后,化学元素的研究工作就正式开始了。19世纪,在英国化学家道尔顿的"近代原子说"揭开序幕之后,在原子量的精密测定下,钾、钠等各种元素便陆续被发现了。

到1830年,被发现的元素已达55种之多。现在,包括人造元素在内,已知的元素有103种,其中大约有一半是在150年前发现的。

新元素的陆续发现,反而使化学家们深感不安。因为新元素的性质看来都很纷杂,化学家们无法充分了解它们和其他元素之间的关联性,而且,对元素种类的增加也无法预知。

因此,化学家们将这些元素系统地加以分类,并依序作了各种尝试。俄国化学家门捷列夫就是其中之一。

他在学生时代就认为"在元素与元素之间,可能有某种相关的联系",进入社会以后,仍然继续进行各种化学研究。他任职于彼得斯堡大学时,每天上午授课,下午则专心进行研究。

由于夜以继日地工作,每天睡眠都不足的门捷列夫在书房的沙发上打盹时做了一个不寻常的梦。他梦见表示元素规律性的表清晰地呈现在他的眼前。于是,从梦中醒来的门捷列夫不知不觉地大叫:

"对!由原子量小的元素开始排起,整理出周期性看看!"

门捷列夫由沙发上跳起来,迷迷糊糊地在友人信件的空白处将过去已发现的62种元素由原子量小的开始,依序排列。

结果,他发现每隔七个就会出现性质相似的元素。这就是周期表的最初形态。利用这种周期表,可以修正以往不正确的原子量或原子价。此外,它也是暗示元素间相关关系的"世纪大发现"。这是1869年3月1日的事。

后来,门捷列夫发现此周期表有若干空位。他认为这些空位就是尚未发现的元素所要占的位置。1871年,他大胆地预言了有哪些新元素将填补空位,并预言了其性质。它们就是钙和锌后面的元素。

这种预言开始并未受到重视。但四年之后,人们就发现了镓(1875年),接着又陆续发现钪(1879年)和锗(1886年),其性质都和门捷列夫所预言的相去不远。从此,人们便不再对门捷列夫的周期表持怀疑态度了。

由于发现了周期表,人类才得以解开元素的谜团,但此周期表并非没有问题。原因是,由原子量小的元素依序排列的元素中,也有性质不合的元素存在。

1913年,也就是门捷列夫逝世六年后,这个问题获得了解决。英国年轻的物理学家摩斯雷发现,元素的性质与其按原子量来分类,还不如依照原子序数加以分类。现在的周期表就是依照原子序数的顺序来排列的。

所谓原子序数,其大小是由元素所拥有的质子数来决定的。例如,氢(H)原子只有一个质子,因此其原子序数为1,排在周期表的最前列。同样,锂(Li)的质子数是3,因此原子序数为3,排在第三个位置。(参考第3页的元素周期表)

元素周期表

非金属 | 金属 | 过渡元素

原子序数 —— 92 U —— 元素符号
元素名称 —— 铀

→ 非金属性会增强

周期＼族	ⅠA 1	ⅡA 2	ⅢB 3	ⅣB 4	ⅤB 5	ⅥB 6	ⅦB 7	Ⅷ 8	Ⅷ 9	Ⅷ 10	ⅠB 11	ⅡB 12	ⅢA 13	ⅣA 14	ⅤA 15	ⅥA 16	ⅦA 17	0 18	电子层
1	1 H 氢																	2 He 氦	K
2	3 Li 锂	4 Be 铍											5 B 硼	6 C 碳	7 N 氮	8 O 氧	9 F 氟	10 Ne 氖	L K
3	11 Na 钠	12 Mg 镁											13 Al 铝	14 Si 硅	15 P 磷	16 S 硫	17 Cl 氯	18 Ar 氩	M L K
4	10 K 钾	20 Ca 钙	21 Sc 钪	22 Ti 钛	23 V 钒	24 Cr 铬	25 Mn 锰	26 Fe 铁	27 Co 钴	28 Ni 镍	29 Cu 铜	30 Zn 锌	31 Ga 镓	32 Ge 锗	33 As 砷	34 Se 硒	35 Br 溴	36 Kr 氪	N M L K
5	37 Rb 铷	38 Sr 锶	39 Y 钇	40 Zr 锆	41 Nb 铌	42 Mo 钼	43 Tc 锝	44 Ru 钌	45 Rh 铑	46 Pd 钯	47 Ag 银	48 Cd 镉	49 In 铟	50 Sn 锡	51 Sb 锑	52 Te 碲	53 I 碘	54 Xe 氙	O N M L K
6	55 Cs 铯	56 Ba 钡	57~71 La~Lu 镧系	72 Hf 铪	73 Ta 钽	74 W 钨	75 Re 铼	76 Os 锇	77 Ir 铱	78 Pt 铂	79 Au 金	80 Hg 汞	81 Tl 铊	82 Pb 铅	83 Bi 铋	84 Po 钋	85 At 砹	86 Rn 氡	P O N M L K
7	87 Fr 钫	88 Ra 镭	89~103 Ac~Lr 锕系																

短周期（1～3）；长周期（4～6）；不完全周期（7）

← 金属性会增强

镧系	57 La 镧	58 Ce 铈	59 Pr 镨	60 Nd 钕	61 Pm 钷	62 Sm 钐	63 Eu 铕	64 Gd 钆	65 Tb 铽	66 Dy 镝	67 Ho 钬	68 Er 铒	69 Tm 铥	70 Yb 镱	71 Lu 镥
锕系	89 Ac 锕	90 Th 钍	91 Pa 镤	92 U 铀	93 Np 镎	94 Pu 钚	95 Am 镅	96 Cm 锔	97 Bk 锫	98 Cf 锎	99 Es 锿	100 Fm 镄	101 Md 钔	102 No 锘	103 Lr 铹

后来，又依据元素的化学性质和物理性质，将元素分成碱金属、卤族元素、稀有气体（惰性气体）元素等。

有些近代发现的元素，是以国名、地点或人名来命名的。例如，钫（Fr）和铕（Eu）的名称，是取自法国（France）和欧洲（Europe）的名称，锿（Es）和钔（Md）则是取自爱因斯坦和门捷列夫的名字。

2. 周期表简介

化学的圣经周期表是化学家们经历了无数次失败才研究出来的。从周期表中，我们可以了解元素的各种性质，并加深对化学的了解。但要看懂周期表并不是一件容易的事，或许有许多人还不知道周期表的作用。因此，我们必须学习看周期表的方法，否则永远也无法了解化学。学会看周期表就是迈向化学世界的第一步。

周期表有 18 个纵行。除第 8、9、10 三个纵行叫作第Ⅷ族元素外，其余 15 个纵行，每个纵行标作一族。族又分为主族和副族。由短周期元素和长周期元素共同构成的族，叫作主族；完全由长周期元素构成的族，叫副族。主族元素在族的序数（习惯用罗马数字表示）后面标"-A"字，如ⅠA、ⅡA……副族元素标"-B"字，如ⅠB、ⅡB……稀有气体元素化学性质非常不活泼，在通常状况下难以发生化学反应，把它们的化合价看作为 0，因而叫作 0 族。

元素周期表有 7 个横行，也就是 7 个周期。其中，我们把含有元素较少的第 1、2、3 周期叫短周期，把含有元素较多的第 4、5、6 周期叫长周期。第 7 周期的元素还未填满，故叫不完全周期。

在同一周期中，愈往左边，元素金属性愈强，愈往右边，元素非金属性愈强。因此，阳性（会变成阳离子的性质）会由左朝右逐渐减弱；相反，阴性（会变成阴离子的性质）则会逐渐增强。也就是说，在同一周期的元素间，随着原子序数的增加，性质会逐渐改变。例如，第ⅦA 族的元素阴性最强，并且这一族元素愈到表的下方，阳性愈强，愈往上方则阴性愈强。

3. 金属元素各具特色

看过周期表上的各元素后,你一定会发现金属元素特别多。在103种元素中,金属元素占81种。从金、银、铜、铝等大家所熟悉的金属元素,到铌、钽等大家较为陌生的金属元素,种类确实不少。

所有的金属都有一个共同特点,那就是原子间结合的方式。在一般情况下,金属元素的原子会像下图一样,让最外层的电子重合在一起,自由活动。由于这种自由电子的结合(金属结合),金属才能导电和传热。

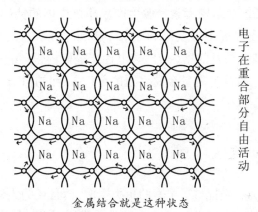

金属结合就是这种状态

即使由于外部施加力量,金属也不易变形。但在必要时,可设法使其延展、弯曲或成为薄片。以黄金为例,它可延展成百万分之一毫米厚的金箔。据说,1克的黄金可延伸2千米长。之所以产生这种现象,是因为金属的原子上下左右有规则地排列。即使外力破坏了金属层,排列的关系也不会改变。

将具有共同性质的金属元素仔细分类,便可看到它们固有的特征。

锂(Li)、钠(Na)、钾(K)、铷(Rb)、铯(Cs)、钫(Fr),在周期表上属于同一族金属,称为碱金属。这些金属都很轻,熔点极低,而且质地非常柔软。它们的原子最外层都只有一个电子,化学性质很活泼,很容易变成一价阳离子。化合物大都易溶于水,尤其是氢氧化物或碳酸盐的水溶液,由于呈碱性,所以成为"碱金属"名称的由来。

碱金属的性质很活泼,所以它们在自然界都不能以游离态存在,只能以化合态存在。例如,生产食盐的原料之一氯化钠(NaCl)。

第ⅡA族的铍(Be)、镁(Mg)、钙(Ca)、锶(Sr)、钡(Ba)、镭(Ra),称为碱土类金属。其水溶液呈强碱性。

此外,多种金属或它们的化合物在灼烧时能使火焰呈特殊的颜色,这在化学上叫作焰色反应。例如:锶(Sr)呈洋红色,钡(Ba)呈黄绿色,钙(Ca)呈砖红色。随着元素的不同,呈现的颜色也不同。我们常见的烟火正是利用了这种焰色反应的特征。在烟火中,发出黄色光的是钠(Na),发出紫色光的是钾(K)。

金属类元素,除以上介绍的以外,还有过渡元素。过渡元素的种类很多,包括副元素和第Ⅷ元素。像生产战斗机机体的钛(Ti),会变颜色的铬(Cr),海底资源中最受瞩目的锰(Mn),血液中血红素的成分铁(Fe),可制成蓝色颜料的钴(Co),导电性能最好的银(Ag),可制作超导材料的铌(Nb),被认为是贵金属之冠的金(An)和铂(Pt)……都属于过渡元素的金属。

4. 盐与惰性气体

大海不仅为人类提供了丰富的鱼类资源,而且还为人们提供了生活中不可缺少的盐。卤(halogen)这个字是希腊语"制造盐"的意思。卤族元素位于周期表的第Ⅶ主族上,有氟(F)、氯(Cl)、溴(Br)、碘(I)和砹(At)五种元素。氯、碘可以从海藻中获取,因此,卤和海的关系非常密切。

每个元素的名称都有其由来。溴正如其名,气味非常臭,且毒性极强,但在某些领域它是很有用途的。它和银形成的溴化银化合物是制造胶卷的原料之一,遇光易分解。一般情况下,卤化银具有感光性,在工业上有多种用途。

碘的毒性非常强。进行核子实验时,碘会扩散,如果大量进入人体,就会损害甲状腺并破坏其机能。所谓的核子掩盖物便是以避免人们吸入碘为主要目的的。

氯和氟的毒性也非常强,人们大多不愿意多接触卤族。

周期表最右端的是惰性气体(稀有气体)。顾名思义,惰性气体是

"不容易起反应"的气体,一般指氦(He)、氖(Ne)、氙(Xe)和氡(Rn)。

氦和氖大量存在于宇宙中。由于其分子很轻,无法在地球上留存,所以只有少量存在于大气中。氖在真空中经过放电,会产生红色的光谱而发出光亮。晚上在闹市区所看到的霓虹灯,就是利用氖的这一特性制成的。

空气中含量较为丰富的惰性气体是氩,其体积约占空气的 0.93%。氩以前用于灯泡中,现在多用于日光灯的灯管中。

氪含有"隐藏的东西"的意思。它具有很强的能力,可夺走其他原子的电子。

氙只有少量存在于地球上,在陨石等物质内的含量也不多,是宇宙空间中极少量的物质。钡或铯等的原子核,在遇到宇宙射线时便会产生氙,因此它是核反应的结果。

氡在惰性气体中是重要的,是由镭核衰变后产生的,具有放射性。地震前,地下岩石若被破坏,将会增加地下水中的氡含量,因此,氡可用于地震预报。

5. 从元素看宇宙地球

一提起元素,我们难免会想:宇宙、地球和人体究竟由哪些元素构成?哪种元素最多?

宇宙的大小目前仍难以确定,只能以推测的方法来研究其构成。即以化学的方法分析陨石,或用辉线光谱调查元素。

虽然如此,人类也只能了解接近地球的部分。经过研究,人们发现,在宇宙中氢和氦的比例比地球上的比例大。(参考第 8 页的图)

有一位科学家认真地研究过地球的元素组成,他就是美国的克拉克。他测算出了地表以下 16 千米的地壳中元素的百分比,将这些元素按照其百分比由大到小依次排列就形成了所谓的克拉克数。百分比最大的是氧,克拉克数是 1;硅为 2……看了第 8 页的图便知道在克拉克数中,排在前五位的元素,占全体元素的九成以上。

不过,克拉克数的产生只是来自于对地球的部分调查,如果对整个地球而言,可能会有些出入。

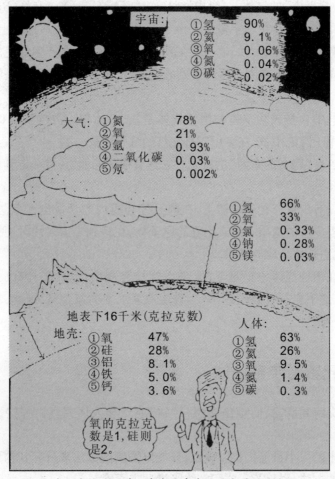

注：克拉克值是化学元素在地壳中平均含量的百分比。

此外，元素和其他元素结合成化合物的情形，比元素单独存在（称为单体）的情形多。例如氧大都以化合态存在于二氧化硅（SiO_2）中。

将地球的大气、海水和人体的组成列在一张图表上比较，你会发现，人体和海水的组成多么相似，而宇宙和地球的大气的组成却相差甚远。

6. ⬡是化学的代名词

⬡这个符号,有人称它为"龟甲"。事实上,它已成为化学的代名词,叫苯环。

苯环如第9页图所示,由碳和氢构成,是最简单、最基本的芳烃,是芳香族化合物的母体。所谓的芳香族化合物是指分子里含有一个或多个苯环的一类有机化合物,但大都没有香味。例如:苯(C_6H_6)、甲苯(C_7H_8)、二甲苯(C_8H_{10})和萘($C_{10}H_8$)等。

当苯环与其他物质化合时,外侧的氢(H)会和其他粒子换位,随着交换物质的不同,可制造出性质各异的各种芳香族化合物。例如:让甲苯、浓硝酸和浓硫酸起反应,就会生成三硝基甲苯(TNT火药)。在工业方面,芳香族化合物的应用范围非常广泛。

可是你也许会产生疑问:人们是如何知道苯(C_6H_6)的结构就是下图所示的那样?

元素都有称为结合键(化合价)的"手",即化学结合时,可相互结合之"手脚"的意思。元素不同,"手"的数目也不同。氢有1只,碳有4只,氧有2只……均有一定的数目。例如:乙醇(C_2H_5OH)便会像下图所表示的一般。这也算是一种"化学的头脑体操"。

一般而言,乙醇的分子式应该为C_2H_5OH,几乎没有人将它写成C_2H_6O,看了结构图,你就应该了解其原因了。前面介绍过甲苯的分子式是C_7H_8,但事实上,写成$C_6H_5CH_3$的情形较多,这也是为顾及结构图的缘故。在此以前,相信许多人都有"分子式为何有各种写法"的疑问。

苯 环

乙醇的结构式

能够想出苯(C_6H_6)的结构是件不容易的事。苯有6个碳(C),仅仅是碳的"结合手"就有24只(6×4),而且还有6只氢(H)的"结合手",因此,要想出"24只碳的'手'和6只氢的'手'结合在一起的结构"确实不易。

19世纪时,德国化学家凯库勒勇敢地向此难题挑战。

他每天用心思考,却始终想不出苯的结构。某天晚上,他做了一个梦,梦见6只猴子像下图那样形成一个圆圈且不停地转动。由于碳有4只"结合手",因此,只要将猴子当作碳,将其四肢当作"结合手",便可完全了解苯的结构了。碳和碳之间要有三处,并且要间隔开来作双重结合。

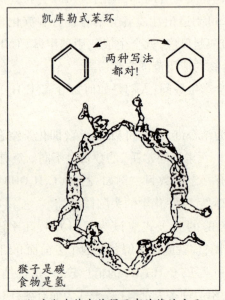

凯库勒在梦中获得了有关苯的启示

有人说,在凯库勒梦中出现的不是猴子而是蛇,甚至也有人说:"这只是后世的人编造出来的故事。"我们相信凡是伟大的发现必定有其缘由,凯库勒也是如此。他曾说:"向梦学习,便可寻求到真理。"

我们在睡觉时也要尽量熟睡,以求获得对新知识的启示。

7. 有机化学与无机化学的差异

有机化学和无机化学之间究竟有何差异呢？如果你解释说:"有机化学是有机化合物的化学,而无机化学是……"那么,会使人更加糊涂,而且,"有机"与"无机"的说法是很容易让人觉得枯燥乏味的。

其实,这个问题不必想得太复杂。无机化合物是指在地球诞生时已存在的物质,而有机化合物则是几乎和地球上的生物同时出现的物质。

有机化合物与无机化合物的比较

	有机化合物	无机化合物
化合物的种类	超过一百万种	数万种
成分元素	以碳、氢、氧为主	几乎以所有的元素为对象
化学键	共价键居多	离子键居多
熔点	一般情况下没有熔点	一般情况下都有熔点
溶解性	大都不易溶于水,但易溶于有机溶剂	大都不易溶于有机溶剂,但易溶于水
易燃度	大都可燃烧	大都不可燃烧
反应速度	慢	快
化学稳定性	不稳定,易分解	大都比较稳定

也就是说,有机化合物和无机化合物的区别在于和生命有无密切的关系,和生命有关的是有机化合物(在生物体内所制造的化合物),和生命无关的则是无机化合物。碳水化合物(砂糖、淀粉等)、酒精和蛋白质等都是有机化合物。含在岩石或黏土中的氧化镁、食盐、水、水晶和塑胶等,都是无机化合物。这样说,你更容易明白些。

上表将有机化合物和无机化合物作了比较,在此你会发现,有机化合物比无机化合物多得多。

此外,有机化合物都含有碳。无论是哪种有机化合物,若以火烘烤,都会碳化或燃烧,而且燃烧后会生成二氧化碳。因此,有机化合物又称为碳化合物。但在碳化合物中,一氧化碳、二氧化碳、碳酸盐、氰酸、氰化钾、二硫化碳等,大抵算是无机化合物。

19世纪以前,人们认为,有机化合物必须由生物不可思议的能力——"生命力"来创造,也就是说,有机化合物不可能由人工制造,只有"神"才办得到,因此化学家大都致力于无机化合物的研究。

到了1828年,德国的维拉用氰酸铵(NH_4OCN,无机化合物)作原料,以人工的方法成功制造了含在尿中的有机化合物——尿素$[CO(NH_2)_2]$。

以人工方式合成有机化合物,这还是科学史上的一项创举。

在19世纪末期,合成了包括靛蓝等许多染料。到了20世纪,又制造出药品、合成橡胶、合成纤维和塑胶等。直到现在,以元素或简单化合物制造出复杂有机化合物的"有机合成化学"研究在不断地深入。

然而,有机化学与无机化学之间的界线,目前正在逐渐消失。主要原因是,大约在25年前,有机合成化学的研究者只利用到了周期表的前三列元素。现在,研究者已开始关注以往未曾注意到的新元素,这促进了无机化学的进步,使它能无限地发展下去。

例如:尼龙和聚酯等有机系合成高分子,因其优良的加工性和经济性,逐渐取代木材及金属,开始广泛地被利用。但有机化合物缺乏耐热性,而且在资源和废弃物方面也存在问题,所以,人们又开始关注无机高分子化合物。

此外,在有机化学方面也有了新的发展。除了生命科学和基因科学外,人们开始了解与生命有关的蛋白质、氨基酸、DNA等,同时也加深了对有机化学的了解。

8. 炼金术使化学变成"科学"

将石头、铅和铁等混合在一起,再加上特别的物质,便会产生金或银——当然这是不可能的事。但古人在长达1500年的时间里,使用各种方法,致力于这种炼金术的研究。

炼金术的历史很悠久。公元前300年,希腊时代的末期,亚历山大港开始出现炼金热。大部分人认为,金或银是由埋在地下深处的石块或铁等金属经过数千年时间变化而形成的。于是,人们推想:给石头或铁添加特别的成长促进剂,不必等数千年的时间便可提取出黄金。

当时,金属被认为是有生命的。因此,治疗疾病的炼金术就格外地受重视。例如:铜是未成熟的金,锡是患了麻风病的银。因此治疗这一类疾病的秘方"圣贤石"和"哲学家之石"也就显得非常珍贵。

此外,人们还认为这种秘方会对人体产生奇迹,因此,它被认为是可使人长生不老的灵丹妙药。

亚历山大港的这种魔术性信仰随着希腊和罗马的灭亡而传播到了阿拉伯,并形成了体系,在12世纪中期被引入欧洲并很快得到了普及。甚至连神学家阿奎纳和哲学家培根这些知识分子也十分关心炼金术。据说,他们还曾亲自去参观实验。喜欢财富的国王也不甘落后,纷纷征召炼金术师,要他们每天不断地进行制造黄金的实验。

14世纪初期,自称是西班牙贵族——圣方修道院的修道士拉蒙·鲁路访问了英国国王爱德华三世。

当时,鲁路拥有一服如豆粒般大的贵重药品,即"哲学家之石"。他认为利用这种石头,可用水银制造出纯金,因而名声大振。

爱德华三世让鲁路住在伦敦塔内,要他做炼金术的实验。据说鲁路用铁、水银和铅制造出了7200万盎司的黄金。但在爱德华三世和法国作战时,他乘机逃跑了。传说在鲁路制造黄金之处的地板上,曾留有许多金粉。

在人们热衷于研究炼金术的同时,也揭开了许多物质的化学性质。12世纪时,人们发现了酒精的制法。13世纪,又发现了硫酸和硝酸的制法。而这些发现对加热、溶解、过滤和蒸馏等化学技术的进步有着极大的贡献。现在做化学实验用的烧杯、烧瓶、试管和玻璃棒等,都是炼金术的产物。

虽然炼金术无法制造金,却创造了近代化学。

9. 钻石的价值永不改变

钻石是最贵重的宝石。虽然有段时期,人们流行戴红宝石戒指,但钻石的价值从未改变。

那么,钻石的成分究竟是什么呢?

简言之,钻石和铅笔芯一样,是碳原子的结晶体。

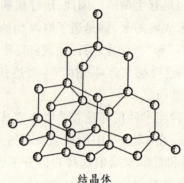

结晶体

一个碳原子的外侧有 4 个价电子,而一个价电子就能和与该原子相邻的一个碳原子上的一个价电子形成一个电子对,这样,1 个碳原子便会和与它相邻的 4 个碳原子结合,而被结合的碳原子也会分别和与它相邻的 4 个碳原子结合。如此不断地结合,就形成了碳原子的结晶体。这种结晶体就是钻石。

钻石之所以被认为是最硬的矿物,主要是因为原子与原子的结合非常牢固。

钻石完全不导电,但易导热。钻石中,碳原子之间好像是用"弹簧"连接在一起的,对钻石加热时,热量就会通过"弹簧"产生的振动逐渐向周围传去,而钻石善于导热的原因也就在于此。

二、原子

有5支试管,都装着无色的液体,表面上看并没有什么差异,也许都装的是水。但是千万不要用嘴尝,也许有毒。

将第1支试管中的液体滴一滴到铜板上,用烧着的火柴去靠近它,没有什么变化。

第2支呢?烧起来了。

第3支呢?跟第2支相反,火柴的火熄灭了。

第4支呢?当铜板一碰到液体马上就变了颜色。

第5支呢?最好不要把它取出来,它有很强的放射能。盖氏计算器一直在响呢!

表面上看起来,这五种液体并没有什么差别,但是为什么在遇到铜板时会有不同的反应呢?

古代、中世纪的元素

只要弄清楚其中的元素是什么,这个问题就已解决一半了。事实上,这五种液体都是简单的化合物,仅由三四种元素构成。

这五种液体的化学成分比起木头或石头来说都要简单得多。木头和石头是人类最早使用的东西,被制成各种生活用具。

经过漫长的石器时代,迎来了青铜器时代。人类开始使用木头和石头以外的材料制造武器、器皿等,甚至连安全别针也造了出来。

青铜器时代之后是铁器时代。当时,人类学会了从铁矿石中提炼金属铁,以用来制造各种东西,如铁的镞头、枪锋、斧头等,而且工艺也很不错。

《圣经》中记载,圣经时代的人类已开始使用金、银、铜、锡、碳、铅、硫黄以及水银(汞)。只是那时还不知道它们是由什么元素构成的。

中世纪以后,炼金术已十分盛行。炼金士根据所搜集的资料以及原始化学逐渐建立起了一些系统的方法。优秀的炼金士虽然用的方法很简单,且多来自幻想,但仍然可称作当时的化学家。他们做了无数的实验,想弄清楚构成物质的基本要素。

他们得到的结论是,构成物质的基本要素是火、土、空气和水,并把这四种东西称为元素,这样就构成了他们的元素表。

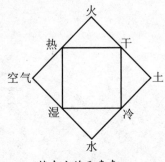

炼金士的元素表

例如,木头燃烧时会产生热,并且会留下一些灰烬。他们就认为木头(干)是由土(灰)和火构成的。

周期表是什么

我们知道,宇宙中所有的物质都由元素构成,而且也知道元素是什么。但是我们的"元素周期表"跟炼金士的"元素表"是完全不同的。

"周期表"虽然只是一张表,里面却藏着难以想象的大量信息。炼金士们花费一生的时间也无法探得的秘密大部分都藏在这张表里面。现在,任何人只要读懂了周期表,就会不断地揭开那些秘密而加以利用。

炼金士的元素表上只有 4 种"元素",而我们的元素周期表上则有 100 多种元素,且排列整齐,一看就知道元素之间的关系。

利用周期表也可以说明火、土、空气和水的本质:火是某些元素跟氧气结合时所放出的光和热,土是几十种元素有机地组合在一起的复杂东西,空气是至少包含八种元素的混合物,水则是两种元素——氧和氢的化合物。

我们平时所用的周期表是根据各元素的原子序数排列的。详细的周期请见本书第 3 页。

这里列举前面的八种元素为例:H(氢)、He(氦)、Li(锂)、Be(铍)、B(硼)、C(碳)、N(氮)、O(氧)。这些元素的符号都取自它们英文名字的头一个或头两个字母。有些很早就已经知道的元素,仍用古名的头一两个字母。例如水银的元素符号 Hg 是希腊文 Hydragyrum 的简写,银的元素符号 Ag 是拉丁文 Argentum 的简写。所有元素的名字及化学符号的起源都将在后面讲到。

周期表上各元素符号左上角的数字是各元素的原子序数。例如碳原子的原子序数是6,表示碳原子核里有6个质子和6个电子。元素符号下面的数字表示碳原子的相对质量,叫作原子量。所有元素的原子量都是以质量数为12的碳原子的质量12为标准而计算的,而1960年以前是以质量数为16的氧原子的质量16为标准而计算的。

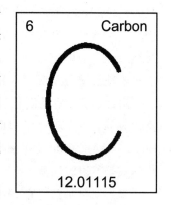

由原子序数和原子量就可以知道元素的原子核构造。再看碳吧,它的原子序数是6,表示原子核内有6个质子,原子量是12,而原子量的大小约等于核内中子数和质子数的和,因此可知碳12中有6个中子。

1. 元素是什么

元素是由同一种原子所构成的物质。例如,铋金属块里面只有铋原子。无论是把它锯成两块,还是用铁锤打碎,或是用锉刀锉成粉末,都不会改变它的构成元素铋。如果给它加热,它会成为黏黏的液体,继而会沸腾,成为气体而蒸发,可是还是不能改变它的构成元素,铋还是铋。

大部分的元素原子能跟一个或多个其自身或其他元素原子结合形成分子。其中由不同种元素组成的分子形成的纯净物叫作化合物。如两个氧原子结合成为一个氧分子,一个氧原子和两个氢原子结合成一个水分子(化合物)。

化合物有一个特殊的性质,就是当某种元素跟其他类元素结合后,大都会失去其本来的特征,也就是说看不出这些化合物里面含有什么元素。例如,氢气是非常容易燃烧的气体,跟氧气结合就变成水。氢气跟水的性质有多大的差别,不用说也知道了吧?再如氯气和钠,本来都是有毒的,可两者结合后却成为我们日常用的食盐!

糖分子的构造

糖跟盐一样是我们所熟悉的化合物。但是糖分子比较容易被破坏。

只要把糖放在蒸馏瓶里稍微加热,糖的分子就开始分解了。瓶底黑黑的残渣表示糖分子里含有碳元素。构成糖的其他原子重新结合,在瓶壁上凝结成无色液体流进另一个瓶子里面,那就是水。把这些水进行电解,水分子就会被分解成氧气和氢气,各自起泡飞散。

由此可知,糖是由碳、氧和氢三种元素构成的。一个糖分子里面有 12 个碳原子、22 个氢原子和 11 个氧原子,所以糖的化学式是 $C_{12}H_{22}O_{11}$。

当要对糖加热之前,我们可以想象一下每个分子究竟起了什么变化。想象之前,做个模型是最好不过的了。

模型的黑珠子代表碳原子,白珠子代表氢原子,灰色珠子代表氧原子。珠与珠之间的连接杆代表化学键,就是结合各原

糖分子的模型

子的"手臂"。当然,这个模型并不是糖分子的真正结构,也就是说,糖分子并不是这样。它只是为了说明原子构成分子的空间结构形式罢了。

对糖加热时,一个糖分子会分解生成 12 个碳原子和 11 个水分子。碳原子以碳渣的形式沉入瓶底,水分子以水蒸气的形式蒸发掉。其化学反应方程式是:$C_{12}H_{22}O_{11} \xrightarrow{加热} 12C + 11H_2O$。换句话说,就是一个糖分子变成了 12 个碳原子和 11 个水分子,再把水分子分解,就成为 22 个氢原子和 11 个氧原子。

氧化汞的加热分解

下面让我们再来做一个加热分解氧化汞的实验吧。由氧化汞这个名字可以知道这个化合物是由氧和汞两种元素组成的。

把氧化汞放进蒸馏瓶内加热,起初会有变色现象,继而瓶内出现沸腾现象。

蒸发的气体会随着温度的降低而凝结成为汞,最后流入烧杯中。

生成的氧气则会从蒸馏瓶口逸出。可怎么才能证明瓶口有无色无味的氧气逸出呢?用带火星的木条靠近瓶口,若有燃烧现象,就说明有氧气

逸出,反之则无氧气逸出。

这样,我们就可知道,那些红色粉末是由发亮的液态金属汞和能使带火星的木条剧烈燃烧的氧气化合而成的。氧化汞的分子比糖分子简单得多,由两个原子构成,一个是汞(Hg)原子,另一个是氧(O)原子,其化学式是 HgO。

氧化汞(HgO)的分子模型可用下图表示:白点代表氧原子,黑点代表汞原子。实验过程中,氧化汞的分子起先被"热"得飞来飞去,相互之间乱撞,继而撞坏了它们的"手臂",生成了氧分子和汞原子。氧分子从瓶口逸出,汞原子随着温度的降低凝结成汞滴入烧杯。将这一过程写成化学方程式就是:HgO $\xrightarrow{加热}$ Hg+O。其实两个氧原子必然会结合成一个

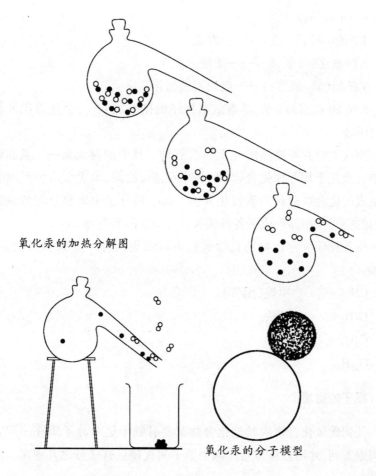

氧化汞的加热分解图

氧化汞的分子模型

氧分子,所以应该写成 O_2 才对。因此需要把氧化汞写成两个分子:$2HgO \xrightarrow{加热} 2Hg+O_2$。也就是说,两个氧化汞分子分解生成两个汞原子和一个氧分子(两个氧原子)。

所以氧化汞跟糖一样也是化合物。换句话说,化合物就是由不同元素原子化合生成的同种类分子结合在一起的物质。

元素和化合物

现在再回过头来看开始时谈到的那五支试管吧。管内的五种无色液体也是简单的化合物,其中第五支内的液体是两种化合物的混合液。它们的真面目是:

1.水(氢、氧)

2.丙酮(氢、氧、碳)——能燃烧

3.四氯化碳(氯、碳)——能使火熄灭

4.硝酸(氢、氧、氮)——能跟铜板起化学反应

5.钴 60 的溶液(水、具有放射性钴的硝酸氯)——会使盖氏计算器发出声音

构成上面五种液体的元素只有五种。其中两种元素——氢和碳可以结合成几千几万种化合物,如甲烷、乙炔、乙烯、苯等。这种只由氢和碳组成的化合物通称为碳氢化合物。每一种分子中碳和氢的数量以及它们的空间排布即形成了各种碳氢化合物之间的差异。

由各种碳氢化合物的化学式就可以知道其分子中碳和氢的数量。例如:

CH_4　　　　甲烷(沼气)

C_2H_2　　　　乙炔

C_2H_4　　　　乙烯

$C_{10}H_{18}$　　　　萘

原子的重量

任何碳氢化合物或其他化合物都要有数十亿个分子集在一起才能用肉眼看到,才可以称重量。因为原子的直径只有亿分之几厘米。其里

面的原子核更小,直径不过原子的万分之一。

若将一个原子扩大成足球场那么大,那么电子便似观众座位上飞来飞去的苍蝇,而原子核就似放在球场中央的足球。原子核的重量比那些"苍蝇"全部加起来的重量要重好几千倍,所以宇宙中所有物质重量的99.9%都集中在原子核上。原子的内部几乎都是空空的。

用气体来讨论原子的重量似乎比较容易了解,因为任何气体的体积(同温同压)相同时,所包含的分子数也相同。

将同为一升容量的瓶子倒置于天平两边的盘上,那么两边的瓶子里面都有一升的空气,天平会平衡。

如果给一个瓶子里面慢慢注入氢气,那么,天平就不再平衡了,氢气这边会上浮而空气那边会往下沉。这表示一升的空气比一升的氢气重。两个瓶子里的分子各有多少呢?这是一个非常大的数字(两个数字相等),约 26870000000000000000000 个。

若要问原子的数目,则要给这个数字加倍。因为氮气、氧气(空气的主要成分)和氢气的分子都是双原子分子。

将相同体积的各种金属拿来比较重量,也可以反映出每一种金属原子的重量。譬如将镁、铁、铅、铀切成同样的体积,吊在同样强度的弹簧上,然而它们下垂的高度不一样,重的低、轻的高。由此知道它们的重量是不同的,换句话说它们原子的重量也不相同。

测量固体的原子重量要比气体的困难好多,因为固体和气体不同,同样体积里的原子数量并不一样。同样的体积,原子和原子靠得越近,原子数量就越多,原子排列得越疏松,数目就越少。固体的种类不一样,同样体积里面的原子数量当然也不一样。

各原子的相对重量——将碳 12 的原子重量定为 12,用它做基准——就是原子量。铀的原子量大约是 238,铅大约是 207,铁大约是 56,镁大约是 24,氢大约是 1。等于说铀原子的重量约是氢原子的 238 倍,约是氧原子的 15 倍。元素周期表上面有许多信息供我们参考,这是其中之一。

元素和原子核

周期表还说明了原子结构的基本规律。

从头一个元素——氢开始,其原子核内只有一个质子。质子是构成所有原子核的基本粒子之一。

宇宙中所有的物体都由 100 多种元素中的一种或者数种构成。如果把物质比喻成建筑,那么元素就是构筑这个建筑物所用的砖块,而这些砖块是由完全相同的基本粒子——质子、中子和电子构成的。

每一种元素之所以性质不同,在于它们里面所包含的质子、中子和电子的数量不同。

质子带有一个单位的正电荷,同时也是氢原子的原子核,拥有氢原子 99.9% 的重量。

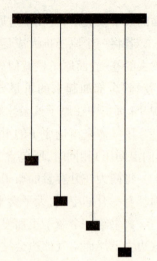

同体积的镁、铁、铅、铀用同样强度的弹簧吊在一起(左起)

因为氢的原子核(质子)带一个单位的电荷,所以在周期表上,氢原子的原子序数是 1。在图上我们用"⊕"来代表。

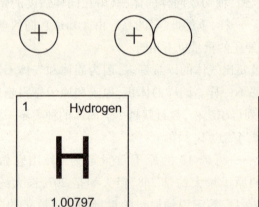

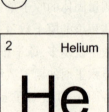

如果给氢原子核加上一个跟质子同样重而没有电荷的粒子会怎样呢?原子核的质量数就会变成 2,可是因为质子数并没有增加,所以电荷数还是 1。

重量跟质子相同而不带电荷的粒子叫作中子。除了氢原子,所有元素原子核里都有中子。

再加一个质子和中子就变成两个质子和两个中子,构成电荷数为2,质量数为4的另一个元素原子的原子核。对照周期表可知它是氦原子的原子核。

质量数是忽略电子质量后,原子核内所有的质子和中子的相对质量取近似整数值相加后的数值,等于质子数与中子数的和。

氦的原子核再加一个质子和一个中子,就成为锂6元素原子的原子核,带3个正电荷,质量数是6。

锂是银白色的轻金属。它的原子核还有另外一种形态,就是比锂6的原子核多了一个中子,叫作锂7。

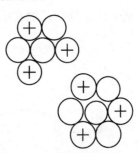

天然锂中,锂7占大多数,约92%。锂7的原子量是7.02,质量数是7。剩下的8%是锂6。锂的原子量是锂6和锂7的原子量分别乘以它们在自然界存在时的百分比后的值,约6.939。

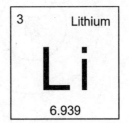

如此再增加质子和中子的个数的话,可以按重量的顺序造出许多种元素。

原子的结构

只有原子核不能叫作原子。要成为原子必须在原子核周围加上电子——与原子核中质子同数量的电子。

一个电子带有一个单位的负电荷。它的重量虽然比质子小得多,但是它的负电荷数跟质子的正电荷数完全一样,所以当质子数和电子数相同时,原子所带的电荷数的代数和为零,呈中性,对外不显电性。

氢原子是由一个质子和一个绕核运动的电子构成的。

在下页图上我们用负号代表电子。这样表示其实并不怎么正确,只不过是为了方便而已。假如质子是图上所画的大小的话,电子就在以质子为中心、半径为1千米的圆周上运动。

氦原子有两个质子,所以为了电荷平衡需要两个电子。

原子的核外电子排布非常有规律,就是在离核不同的区域所能容纳的电子数是不同的。通常用电子层来表明运动着的电子离核远近的不同。

最靠近原子核的一层,称为第1层,只能容纳两个电子,稍远的称第2层,可容纳八个电子,由里往外依次类推,叫第3、4、5、6、7层。

所以锂原子跟氦原子一样,第1层上只有两个电子,而剩余的一个电子只有"孤单"地在第2层上运动。

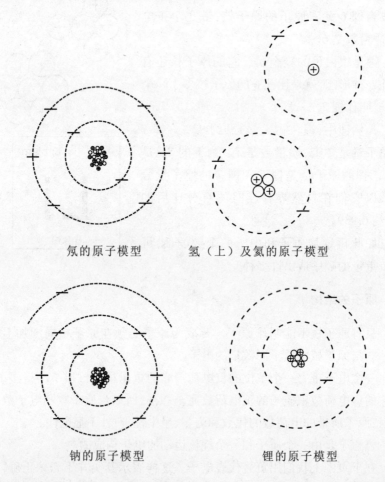

氖的原子模型　　　氢(上)及氦的原子模型

钠的原子模型　　　锂的原子模型

电子的轨道(电子层)是三维的,不像地球在太阳周围运动的那种平面轨道,而是在一个想象上的球面——"层"——上旋转。电子旋转的轨道也没有图上那样清晰,是模糊而有幅度的。

我们再来看锂后面的第 7 种元素。在第 2 个电子轨道(层)中一个一个加上电子的话,会达到第 10 号元素氖,氖的原子核中有 10 个质子,核外有 10 个电子。

氖原子的第 2 个轨道已被八个电子占满,当然第 1 个轨道也已经由两个电子占满了。氖跟氦一样,电子轨道中毫无空位,也没有多余的电子。这种原子,如氦、氖的原子可以称为饱和原子。

氖的后面是钠,有 11 个质子和 11 个电子,其中第 3 个轨道上有一个电子。

就只有一个电子单独在最外面的轨道上这一点,钠跟锂很相似,所以在周期表上被放在锂的下面,同排在一列。

为什么要制造周期表,相信大家已有了一点概念了吧。将元素按其原子序数的顺序排列,元素的性质会呈周期性的变化,元素的这种性质叫作"元素周期律"。

千万要记住的一点是,原子核中每增加一个质子,核外的层中也需要增加一个电子以保持原子本身的电荷中性,因此原子核中的质子数决定了核外的电子数。呈电中性的原子,它们的质子数和电子数一定相等。

元素的化学性质和同位素

有两个因素决定了原子的化学性质,一是绕核运动的电子数量,二是这些电子在电子层上的排布。

元素的化学性质就是元素之间如何结合,或者为何不能结合?详细一点说,就是某种元素能和哪些元素结合?结合有多容易?结合后再把它们分离有多么困难(即稳定性)?

这种化学性质是由原子中的电子数和排布决定的。原子核和中子跟元素的化学性质完全没有关系。可是,若改变原子核中的中子数,就会形成种种同位素。

同位素(Isotope)一词,源于希腊语的"同"和"场所"。

一种元素的同位素在周期表上与该元素处于同一位置,因为它们的质子数和电子数量都一样。最好的例子是前面说过的天然锂,它有两种同位素锂 6 和锂 7。

同位素之间的差异在于原子量的大小不同和有没有放射性。

氢有三种同位素。普通氢的原子核只有一个质子。重氢的原子核中有一个中子和一个质子，质量是 2。有放射性的超重氢，原子核里有一个质子和两个中子，质量数是 3。天然铀大部分是铀 238。它的原子核内有 92 个质子和 146 个中子。另外有一种大家熟悉的铀同位素铀 235，它的核裂变能够释放出大量的原子能。铀 235 的质子也是 92 个，但中子比铀 238 少了 3 个，只有 143 个，因此铀 235 比铀 238 轻了 3 个单位。

知道了同位素的存在之后，前面所说——元素是由同一种类的原子所构成的物质——这个定义就不太准确了。应该说，元素是同原子序数——原子核中质子的数量相同——的同一类原子的总称才对。

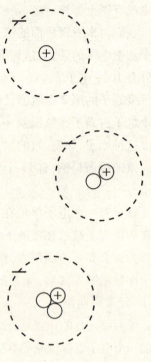

氢同位素的原子模型（由上至下：普通的氢、重氢、超重氢）

原子核的结构是三维结构，并不是我们画在纸上的平面结构。有些原子核像篮球一样是球形的，但是有些比较重的原子核，如铀的原子核，我们相信有一点像橄榄球那样长长的。

2. 从原子到分子

我们怎样才能证明原子真的存在呢？

看原子的方法

我们一直以为原子能看得到，并很详细地讲解了原子的形状及结构。其实，原子小得连电子显微镜都无法看，更不用说光学显微镜了。

到目前为止还没有任何方法可以直接看到它的真正面目。不过,我们可以用间接的方法观察,证明原子的确存在。

像氢或氦的原子核那样,带电的粒子在含有水蒸气的潮湿空气中飞过时,会像飞机在空中飞行时托带的"云带"那样产生白色条纹。这些白色条纹不需要显微镜,用肉眼就看得到,也可以把它拍成照片。这种记录粒子飞行轨迹的装置叫作"威尔逊雾箱"。

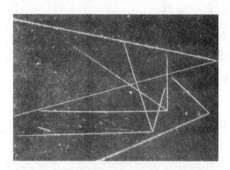

威尔逊雾箱里的原子核飞行轨迹

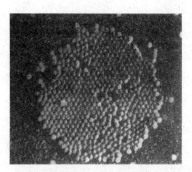

用电子显微镜看到的巨大分子
——流行性小儿麻痹症病菌

另外,还有一种间接观察原子的方法,就是去看分子。分子是一种由"化学力量"将原子结合在一起的粒子。分子中有些很大,虽然用光学显微镜看不见,但用电子显微镜可以看到它们。病菌(Virus)就是那些巨大分子中的一种。目前所知道的分子中最大的、最普遍的是波里奥(Polio)脊髓灰质炎病菌的分子,它是由数千个原子所构成的球形分子,可用电子显微镜清晰地看到它的形状。

宾州大学的 Miillur 博士在 1957 年将一个个原子拍成了照片。这张照片是很细的钨(tungsten)针的表面。从下页图中我们可以看出原子构成结晶格子的情形,小点是一个个的原子,亮点是数个原子集在一起。这是用 Miillur 博士发明的电场离子显微镜所拍摄的,倍率大约 100 万倍。

麻省理工大学的 Barger 博士也用 X 光记录了黄铁矿结晶中一个个原子的位置。黄铁矿是由铁和硫形成的被叫作二硫化亚铁的化合物。就是说它的每一个分子都含有一个铁原子和两个硫原子。

原子非常小,铁原子的直径大约只有亿分之一厘米。

这张照片并没有照出原子的形状,只给出了结晶中各原子的位置。

混合物和化合物

铁原子和硫原子到底是怎样结合在一起构成分子的呢？

将铁粉和硫粉搅在一起。不管搅多久，铁粉还是铁粉，硫粉还是硫粉，不仅如此，搅拌后，还可以再把它们分离开来。例如，用一块磁铁就可以把里面的铁粉吸出来。所以，像这样把铁粉和硫粉搅在一起的物质叫混合物。它们只是掺在一起，并未真正地结合在一起。

把那些混合物放入坩埚中加热，铁原子和硫原子就开始了化学结合。

混合加热的结果，双方都会失去原来元素的性质，生成叫作硫化亚铁的化合物。硫化亚铁的性质跟铁和硫的性质完全不同。

硫化亚铁（FeS）的分子是由一个铁原子和一个硫原子结合而成的。二硫化亚铁（FeS_2）跟硫化亚铁很相似。如果要制镁的化合物则比制硫化亚铁更简单，只要把镁的小粒加热就行，所需要的氧原子由空气自动供给。把镁放在天平的一边烧，烧过的镁的重量不但不会减轻反而会加重使天平失去平衡。镁燃烧时跟空气中的氧原子结合成叫氧化镁（MgO）的化合物。

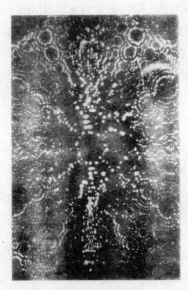

用离子显微镜看的钨针表面的原子排列

用X光记录的黄铁矿里面的原子的排列

因为镁化合了氧原子,所以氧化镁的重量当然比原来的镁重。氧化镁的性质也同样跟氧和镁的性质完全不同。

铁和硫、镁和氧的这种结合叫作"化学反应"。

$$Fe+S \xrightleftharpoons{加热} FeS（铁跟硫生成硫化亚铁）$$

$$2Mg+O_2 \xrightleftharpoons{加热} 2MgO（镁和氧生成氧化镁）$$

周期表的行与列

我们已经知道了如何将两种元素结合成为一种化合物,但是还没有明白为什么会发生那样的化学反应。

原子与原子结合成分子的方式有好几种。可是不管哪一种,发生化学反应时,原子的核外电子排布都会发生改变。其实,化学就是研究核外电子排布变化的一门学问!

周期表的第1行只有两种元素:氢和氦。它们都只有一个电子层。

第2行有锂到氖八种元素。它们都有两个电子层。第1层可容纳2个电子,第2层可容纳8个电子。前面谈过,锂在其第2个电子层中只有1个电子,铍有2个,依次增加一个电子,直到氖的8个电子,第2层就饱和了。

排在同一列的元素属于同一个族,同族元素原子的最外层电子数相同,所以同族元素的化学性质也非常相似。

周期表的其他五行也是一样的。从上往下,每行开头一个元素原子会增加一个电子层,排上一个电子。

周期表最左边一列的元素(氢、锂、钠、钾、铷、铯、钫),我们一眼就能看出它们的最外层电子数相同,只有一个。

离子结合

除了氢以外,最左边一列的元素叫作"碱金属"元素。碱金属元素原子的最外层都只有一个电子,不稳定,极易失去。

钠跟氯结合成氯化钠结晶时,就会发生上述那种反应。用二维平面图表示钠原子,钠原子核里有11个带着正电荷的质子,核外有11个电

| He |
| Ne |
| Ar |
| Kr |
| Xe |
| Rn |

子。如下图所示。

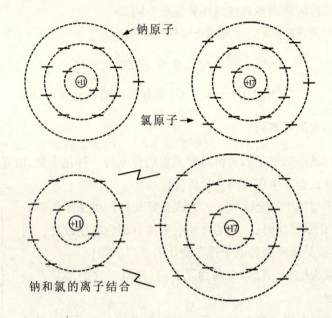

钠和氯的离子结合

氯原子有 17 个电子,第 1 层上 2 个,第 2 层上 8 个,第 3 层上 7 个。钠原子最外层多出一个电子,相反,氯原子则缺一个电子,所以双方结合时,多余的和缺少的刚好抵消而成为完整的一对。

化学反应就是钠原子多余的电子跳进氯原子最外层的空位的现象。

结果,钠原子失去了带负电的电子,变成带一个单位正电荷的钠原子,氯原子因得到一个电子而变成带一个单位负电荷的氯原子。现在双方都带着相反(正和负)的电荷,所以互相吸引而使双方结合在一起。

说两种"原子"带着相反的电荷,不如说两种"离子"带着相反的电荷更准确。为了失去或得到一个电子致使原子本身失去它的电子中性而带着正的或负的电荷时,我们把那些原子叫作离子。所以钠和氯的结合叫作"离子结合"。

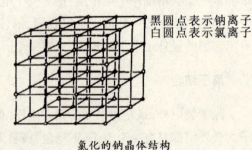

黑圆点表示钠离子
白圆点表示氯离子

氯化的钠晶体结构

这种实验很简单,只要把钠块放入装有氯气的瓶中,稍微等待,就会有氯化钠(食盐)生成。

氯化钠属于离子晶体(经过结晶过程而形成的具有规则的几何外形的固体),它的结晶体中不存在单个的氯化钠分子,氯化钠晶体呈立方体。我们平时所见的食盐晶体不是立方体,是由于粉碎加工的缘故。

共价结合

我们知道,氧的原子核有8个质子,所以电子也有8个。其中2个电子排在第1层上,其余的6个排在最外层(第2层)上,也就是说最外层上还可以容纳2个电子。凑巧2个氢原子的2个电子恰好可以将氧原子的最外层排满,可是氢原子不可能无条件地把它的电子让给氧原子,所以2个氢原子分别和同1个氧原子共用电子,也就是2个氢原子分别从氧原子中各得1个电子而将氢唯一的层填满,同时氧原子也分别从2个氢原子中各得1个电子来填满它的最外层(6个电子)而达到稳定状态。

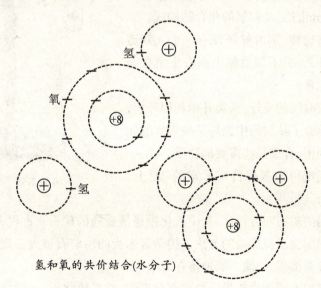

氢和氧的共价结合(水分子)

原子以这种方式结合在一起构成分子,叫作"共价结合"或"电子对结合"。很多种分子,如糖分子,都是以这种方式形成的。

以这种方式构成的分子内部有非常微小的电流不断地变换方向,使得分子和分子之间仍会互相吸引,从而结合在一起成为我们看到的水、糖及其他物质。

假如没有把分子结合在一起的那种电力,分子会分散得七零八落而随处飘动,换句话说,所有的分子形成的物质都会成为像空气那样的气体。

3. 最初的元素

元素是什么时候、怎么样被发现的呢?

元素的利用可以追溯到远古时代。像燃烧树木来取火、用炭画壁画等都是人类早期对元素的利用。

到了石器时代,人类开始利用石头磨制成枪锋、斧头、小刀等工具或武器。早期的印第安人,巧妙地利用大自然的材料制造出许多形状复杂的东西。他们制造的钵等,大部分由铝、硅和氧的化合物构成。

虽然这样,那时候还没有一个人知道元素是什么,更不知道黏土或石头里含有多少种元素。

随着时代的变迁,人类开始利用环境,逐渐地学会了从材料中提炼某些需要的元素加以利用,合成某些需要的物质。

我们把可以提炼特定元素的"肥土"叫作矿石。

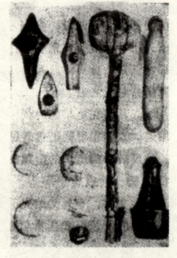

各种石器

含铅的矿石叫方铅矿,其中硫化铅是最普通的矿石。古代人在偶然的机会中学会了提炼铅的方法。掺杂着木炭的铅矿石被火一烧,纯金属铅就会分离出来,一滴一滴地落在地上。

远古的人所知道的另一种矿石是朱砂,就是硫化汞。这种矿石一加热就会起化学反应,得到纯水银(汞)。

随着好奇心的增强和处理材料技术的进步,人类又发现了金属铜,继而发明了提炼铜和锡的方法。

将铜和锡混合制成青铜器是人类史上的一大进步,所以那段时期被称为"青铜器时代"。那个时代，人类已能用青铜制造出非常好的武器、器皿以及华丽的装饰品等，也正是在那个时期，迎来了冶金科学的时代。

铁器时代继青铜器时代之后，在公元前1000年前后发明了铁的冶炼法。其实在更早的时代，铁很可能已被发现了，而且被利用过。人们很可能已发现，含铁的矿石赤红石堆成炉灶生火之后被分离出来的金属就是铁。

他们把铁打成铁槌、锥或梳子等，当然也打造成武器。这期间诞生了种种文明，不久又消失了。那些文明的兴衰和各国工匠冶金技术的发达程度有非常密切的关系。

古代人对元素的利用

人类学会了从自然矿石中加热提炼元素的方法。加热是一种原始的、初级的方法。他们有时也利用碳，只不过是在地上生火而已。这些我们都可以在实验室里轻而易举地做到。例如将铅的矿石放在黑铅板上加热，就可以得到比较纯的金属铅。

当古代的人知道从矿石中提炼金属，并发现直接以元素状态露出来的金属之后，立即就学会了用那些金属造出各种东西的方法。

所以古代人会利用许多种元素，但当时他们并不知道这些是元素。

开始，他们以木炭的形态获得了碳，继而又知道了硫黄及以元素的状态存在的金、银、铜等金属，也学会了从各种矿石中炼出铜、水银、铅、锡的方法。

古代人主要的成就可能是从矿石中提炼金属铁。在炼金术初期，具有炼铁能力的部落才能拥有较高地位。

到了公元初期，人类已经知道了9种元素，可以把它们分离出来分别加以利用。看一看那些元素在现代元素表上所占的位置，我们会发现当中几种元素的化学性质非常相似。例如，铜、银、金的性质很接近，锡和铅的性质很相似。

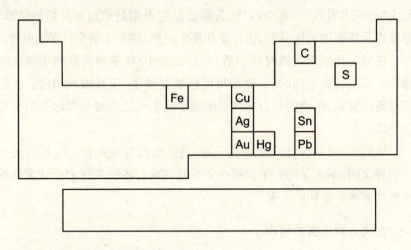

九种元素的化学符号是这样的：

C（碳）　　S（硫）　　Fe（铁）　　Cu（铜）

Ag（银）　　Sn（锡）　　Au（金）　　Hg（汞）　　Pb（铅）

4. 从炼金术到化学

在分离元素方面的研究，直到人类进入中世纪时期也没有取得多大进步。但在中世纪炼金术出现了。

炼金士们的工作

炼金士们做过许多实验，从寻找长生不老的仙丹到种种神奇古怪的实验，可以说是现代化学实验的先驱，包罗万象。他们都在寻找所谓的"哲学家的石头"，深信用那个东西可以把普通的金属变成金。我们不知道那个似梦似幻的东西到底是什么，可能不是单独一种物质，更不可能是一块"石头"。有些历史学家猜测它可能是硫化汞，可是没有人能够证明它。

暂且不管这些不切实际的事，让我们来看看炼金士们的化学实验吧。他们从各种矿石中提炼出金属，虽然这并不是他们首创的，但重要的是，他们制造出了许多种酸，为以后的化学工业打下了基础。

炼金士们的实验之一就是把硫化铁加热，使叫作"矾类之油"的液体蒸发再收集。那些液体就是我们所说的硫酸。

虽然炼金士们的初衷和方法很奇怪,但他们对理论及实验持有浓厚的兴趣。这一点值得赞赏。他们把实验中所得到的知识搜集起来,像前面的图式那样把它们体系化。他们认为构成大自然的基础物质是火、土、水和空气,想利用这四种元素的互相关系建立合乎逻辑的理论。从某种角度上看,炼金士们幻想的图式可以说是现代周期表的雏形。

在中世纪发现的元素

炼金士们的确有过值得称赞的业绩。他们发现了许多东西,尤其是在12世纪到14世纪这一段时间,先后发现了三种重要的元素,分别是砷(As)、锑(Sb)和铋(Bi),属于同一个族,化学性质很相似。这也揭示了他们的化学实验在某些方面有相似性。

继这三种元素之后,五六个世纪中再没有其他任何发现。——不过白金是例外,它于16世纪前半叶在墨西哥被分离出来。Platinum(白金)是西班牙语的"小块银"的意思。

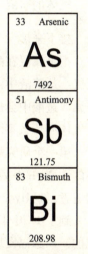

那个时候,白金没有用处。到了18世纪,有记录可查的白金唯一的用途是铸造金币时加进去增加重量。到了19世纪,俄国出现了白金金币。

到17世纪,一共发现了13种元素。不过,关于发现的年代和发现者的名字没有任何记录。锌就是一个例子,是在1600年的末期或更早的时候就被发现了。

直到那时,科学才开始具有现代科学的气息。人们研究自然、化学及元素。有了新的发现,把它们记录下来,并公开发表。

事实上,古希腊人对化学的发展也是功不可没的。像他们的原子理论,有些地方跟现在的原子理论很相似。可惜古希腊人只喜欢动动脑筋,而不愿意动手,所以他们的理论只在书本上流传了下来,在实践方面没有任何成就。

磷、钴、镍

由一个人发现,可以确定为个人功劳的元素,磷算是头一个。磷的英文名字 Phosphorus 是从希腊文"带光亮的东西"而来。

发现磷的是德国的商人布兰德。他也是一个炼金士，在寻找"哲学家的石头"的实验中，于1669年偶然发现了磷。他是把尿蒸干而得到磷的，但是他并未公开这种制法。他发现的这种物质在黑暗中会发光。他把磷当作玩具拿去吓唬朋友，同时可能也赚了一些钱。到后来，磷才被认为是一种元素。

钴和镍分别在1737年和1751年被发现。从前钴和镍的矿石被误认为是铜矿石，可不管怎样炼总是炼不出铜来。大家认为一定是有魔鬼附在那些矿石上，所以把它们叫作Cobalf（恶鬼）或Coontel Nichel（恶魔之铜）。这些名字一直沿用至今。

气体的研究

接下来被发现的是氢气。

把金属浸在酸溶液中，尤其在氯酸溶液中，就可以轻而易举地得到氢气。从溶液中浮出来的泡沫就是氢气。很早以前人们就已经知道把金属放进酸中会产生泡沫，可是没有一个人知道那些泡沫中的气体跟其他气体有什么不同。

第一个研究那些气体的人是卡文迪什。1766年，他弄清楚了那些气体的性质，并在后来发现那些气体燃烧后会生成水，所以把它叫作"水的制造者，氢（Hydrogen）"。

到了1770年，许多人开始研究空气，想了解它到底是由什么物质构成的。卢瑟福发现在一定体积的空气中，物质燃烧或生物呼吸时，会消耗掉那些空气的一部分。例如把蜡烛点燃插在装着水的盘中，再用玻璃罩子把它盖上，玻璃罩里的空气就会减少，蜡烛不久就会熄灭，玻璃罩里面的水面也稍微升高。如果用老鼠代替蜡烛的话，老鼠消耗掉里面一部分的空气之后就会死掉。

卢瑟福研究了火熄灭和老鼠死掉后剩余的气体，发现剩余气体和普通空气不再一样。在那些剩余的气体中，任何东西都不会燃烧，任何动物也无法生存。

因此，卢瑟福被公认为是氮的发现者。

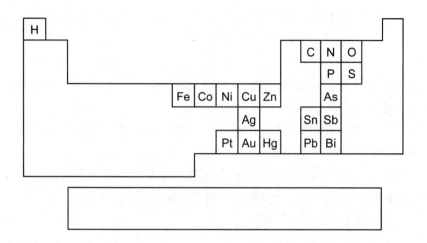

那时候，诸如卡文迪什、普利斯特莱、舍勒等人也正在从事着同样的研究，可是把氮正确记录下来的是卢瑟福。

与此同时，许多人也正在研究空气中的另一种成分"氧气"。普利斯特莱把氧化汞的红色粉末放进玻璃瓶，用放大镜集中太阳光去烧它，发现有气体生成，而且这种气体有很强的助燃性。因此普利斯特莱成为氧的发现者。

瑞典化学家舍勒做同样实验的时间可能比普利斯特莱早一点，可惜他发表结果晚了些，被普利斯特莱抢了个先。

法国有名的化学家拉瓦锡那时正在研究燃烧现象。他发现镁燃烧时会跟氧结合，重量会增加，而且增加的重量恰好是"捕捉"的氧的重量。这一发现对化学是个很重要的贡献。

这样，到1770年，人们所知道的元素大约已有20种了。

5. 元素周期表

1770年之后的25年内，人们陆续发现了下面的11种元素：

氯（Cl）、铀（U）、锰（Mn）、钛（Ti）、钼（Mo）、钇（Y）、碲（Te）、铬（Cr）、钨（W）、铍（Be）、锆（Zr）。

同期，意大利物理学家伏特发明了电池。

19世纪初期，英国化学家戴维用很大的电池研究了今天叫作苛性钾的化合物。当时大家都知道苛性钾,只是不知道它是由什么东西构成的。戴维把它加热,使之熔化,再通上电流,结果发现了新的金属元素钾。

今天,我们只要把电池的正极接在金属壶上,壶里放入苛性钾,加热使之熔化,再把用白金作负极的电极插入其中,就会有少量的金属钾附着在负极上。

发现钾的数天后,戴维以同样的方法发现了又一种金属元素——钠。因此,戴维成了钾和钠的发现者。

1800年到1869年这段时间,化学得到了长足的发展。人们所知道的元素增加了近一倍。全世界也掀起了发现新元素的热潮。

先后被发现的新元素如下:

钒(V)、铌(Nb)、钽(Ta)、铈(Ce)、钯(Pd)、铑(Rh)、铱(Ir)、锇(Os)、钾(K)、钠(Na)、硼(B)、镁(Mg)、钙(Ca)、锶(Sr)、钡(Ba)、碘(I)、锂(Li)、镉(Cd)、硒(Se)、硅(Si)、溴(Br)、铝(Al)、钍(Th)、镧(La)、铒(Er)、铽(Tb)、钌(Ru)、铯(Cs)、铊(Tl)、铷(Rb)、铟(In)及在太阳中发现的氦(He)。

当时还没有周期表。假如有的话,就是下面的图表。

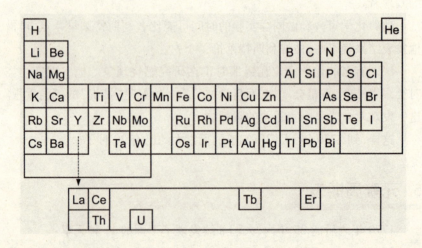

元素分类的尝试

到了1817年,人们知道的元素大约有50种。虽然数量不少,但还没有人想到对它们进行分类或按特殊的顺序加以整理。那时候,人们才刚刚开始研究元素和化合物的区别。

不过,既然已经知道有那么多的元素,人们当然会渐渐地感到有必要把那些已知的元素加以分类。科学家们依据"元素间关联的关键可能在原子量"的想法开始整理它们。

第一个发现元素间有关联性的是德国化学家德贝莱纳。1829年,他提出了三组元素的概念。他将性质相似的元素——如锂、钠、钾——由上往下排成一行后,发现中间元素的原子量刚好是上面和下面元素原子量的平均数。不仅如此,中间元素的化学性质也介于上下两元素的中间。类似的例子有钙、锶、钡和氯、溴、碘。

之后的25年中,其他的化学家们将德贝莱纳的三组元素扩大,发现四五对同样有关联的三组元素。这是以后建立元素体系最重要的一步。

1862年,法国化学家尚古多将元素按原子量的顺序排成螺旋状。依据这种排法,性质相似的元素会排在一列,相邻的两种元素的原子量会相差16。他认为,各种元素性质间的关系很像整数间的关系。

两年后的1864年,英国的纽兰兹将氢、锂、铍、硼、碳、氮、氧这前七种元素像音阶中的音符那样排列,然后将其他元素按原子量的顺序排在那七种元素的下面。结果,性质相似的元素排在了一起,而且那七种元素占据各列的第一个位置。纽兰兹把这些元素分为七组的排法叫作"倍音定律"。

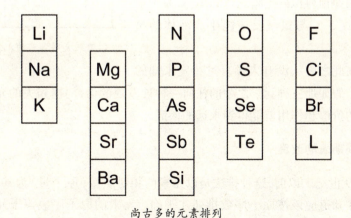

尚古多的元素排列

周期表的诞生

有关这些问题,直到1869年德国化学家迈耶尔和俄国著名的大化学家门捷列夫阐述了周期表的原理(周期性)之后才得以解决。

开始时,他们将已知的元素按原子量的顺序排列,但是发现氢无法和其他元素配合,所以把氢暂搁在一边,而从后面的锂和铍开始排列。排好一横行之后再排第二行。结果,他们发现化学性质相似的元素都排在了同一列。将表继续扩展下去,他们发现又有几组元素无法按这七组排列。那些元素直到后来才排上去。

门捷列夫发现,如果要使化学性质相似的元素都排在同一列的话,就需要留出几个空位才行。但这个表跟本书第3页的周期表即现在使用的表仍有许多不同。

门捷列夫最大的贡献就在于他将自己的周期表留出了几个空位,而且认为那些空位应该由尚未发现的元素来填补。同时,他勇敢地预言了那些尚未发现的元素应该是什么形态、有多重、具有哪些化学性质等。他预测应该存在三种性质分别和硼、铝、硅相似的元素,并且称它们为拟硼、拟铝、拟硅。如他预料拟硅是暗灰色的固体,原子量72,密度5.5,与氯气反应能生成液体的氯化物。

B	C
Al	Si
拟硼	Ti
拟铝	拟硅
Y	Zr

门捷列夫所预言的元素

在此之前从没有人预言过特定未知的元素。假如那三种元素之中的任何一种被发现的话,门捷列夫的元素排列法的价值和作用就能得到永远的保证。

周期表的改良

19世纪末以前,这种排法是以元素的相对质量(原子量)为基准的,后来才知道应该按原子序数排列才正确。元素的原子序数等于元素原子的核电荷数。一般来说核电荷数跟原子量成正比例。如某一种元素比排在它前面的元素的核电荷数大,在周期表上该元素的原子量也较大。不过并不是都这样,如钴和镍的情形就不同。

1911年,英国的卢瑟福发现原子的正电荷集中在原子中心、体积很小、密度很高的原子核中。不到两年,丹麦的物理学家玻尔便画出了很详细的原子核结构图以及核外电子的运转轨道。

1913年和1914年,英国的莫塞莱用上述的理论说明了原子序数的概念,并解释了以前无法解释的疑问。

另外,分光器的出现(门捷列夫排周期表的时候),对新元素的发现助了一臂之力。

6. 分光器的应用

对实验科学来说,分光器是最重要的仪器之一。分光器的作用在于分解光。像雨滴把阳光分散现出彩虹那样,分光器会把由特定光源来的光分散。当然不是用雨滴,而是用棱镜或光栅。当光通过分光器后,就会被分解形成光谱,据此便可判定光源的组成,从而确定原子的种类。当初就是利用分光器发现了门捷列夫所预言的一种未知元素。

分光器的原理

我们由元素的光谱颜色大体上可以分辨出元素的种类,因为不同元素的光谱是不同的,是特有的。例如,铜(铜的化合物)在火焰里灼烧时火焰是绿色的,锶(锶的化合物)在火焰里灼烧时火焰呈洋红色等,让这些光通过分光器后将形成不同的光谱,由此便可判断元素的种类。

这里简单介绍一下光栅,光栅是由大量等宽等间距的平行狭缝构成的光学器件。一般常用的光栅是在玻璃上刻出大量平行刻痕而制成,刻痕为不透光部分,两刻痕之间的光滑部分可以透光,相当于一条狭缝(光栅出现的初期并不是这样制成的)。

光通过棱镜或光栅会改变方向,就是会曲折。曲折的角度因光的颜色而有所不同。太阳光是由各种颜色的光混合在一起的复色光,通过棱镜时,红光的折射率最小,橙光比红光的折射率稍微大一点,黄光比橙光更大一些,依次是:绿、蓝、靛、紫,其中紫光的折射率最大。这样,太阳光可以分为像彩虹那样的七种颜色。

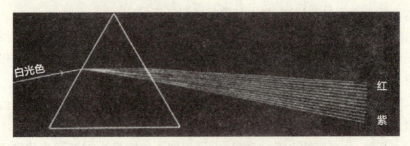

白色光通过分光器后形成的光谱

假如光源是碳的弧光灯,由此出来的光大体上是白色光。因为碳的光谱包含由红至紫的各种颜色。

碳弧光灯的基本部分有两根直径1厘米的碳条,略间隔相向。照片上的一根碳条横着插在左边,另一根在下面斜斜地向上方。两根碳条的尖端在金属盖子里面相向,只留有很小的间隔。从金属盖子中央黑黑的洞里可以看到两根碳条的尖端。那个黑黑的洞是窗口,装着深红色玻璃。弧光是向右边发出去的。

从弧光灯出来的光先通过透镜及竖直的狭缝,再通过另一个透镜,最后通过方形的光栅。通过光栅的光被分解形成光谱,出现在右边的光屏上。

当弧光灯的两根碳条通上强大的电流时,两根碳条的狭缝处会出现很亮的弧光,这个时候所产生的热和电流会刺激碳原子,使其电子激发,放出碳特有的光。

用于分光器的弧光灯

假如事先在任意一根碳条的尖端涂上某种元素溶液,那么,那些元素也会同时发出它特有的光,跟碳的光一起出现。比如说在任意一根碳条的尖端涂上钠的溶液,那么,从弧光灯出来的将是碳光谱加钠光谱的复合光谱。其中钠光谱中的黄色部分最亮(黄色比其他颜色明显),碳光谱各色比较均匀,所以钠光谱以碳光谱为背景,明显地突出来。

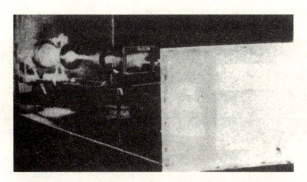

分光装置,由左端的弧光灯出来的光通过透镜、间隙、透镜、光栅(方形的)被分解,照在右端的光屏上形成光谱

这张照片的光谱不太清楚,但是还看得出刚才所说的不同之处。碳光谱非常均匀,很像太阳光。使用带钠的碳条时,通过光栅形成的光谱上,黄色部分特别明显。

假如使用尖端附有钙的碳条的话,那么,形成的光谱中就有钙特有的颜色。假如只使用钠光通过棱镜或光栅的话,那么,形成的光谱只是很细的黄色线条,而无其他颜色。

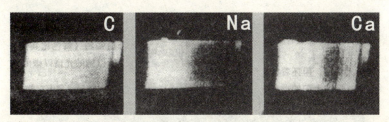

碳的光谱与钠和钙的重叠光谱

吸收光谱

以上我们所说的都是元素的"发光光谱",就是由元素原子受激发时发出的光形成的光谱。相反,元素原子也会吸收跟它本身所发出来的光同性质的光。

例如钠会吸收与它自身谱线同波长的黄光。将含着钠的玻璃板放在弧光灯前面,它会吸收弧光中的黄光,所以通过含钠玻璃的光中会少了黄色成分。将那些光再通过棱镜或光栅,会发现钠的黄光消失了,原来发光光谱中的亮线此时变成了黑线。

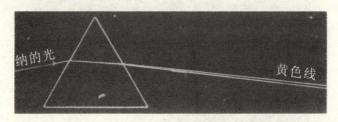

钠的光谱只有黄色线

换句话说,如将含有钠的玻璃板放在碳弧光灯和棱镜中间,那么,呈现出来的将是碳光谱中除去钠光谱的剩余部分。这种光谱叫作钠的"吸收光谱"或"暗线光谱"。

所以,利用分光器辨别元素种类的方法有两种:一是根据元素原子的发光光谱;二是根据元素原子的吸收光谱。

钠的吸收光谱

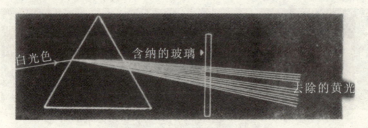

含钠的玻璃会从白光中除去黄光

如此,分光器不但可以识别已知的元素,而且可以利用它去发现未知的元素。

这个方法非常有效。像钠元素,只要有十亿分之一克就马上可以确定它的存在。还有,分光器跟距离无关,所以可以从太阳或星星发出的光中分辨出它们含有什么元素。

那么原子到底是怎样吸收和发出光的呢?原来跟原子核周围的电子的位置有关系。

氢的情形最简单。氢的原子核只有一个质子，周围也只有一个电子。当原子吸收光时，电子会从原来的轨道跳跃到较外面的轨道。当原子发光时，电子会从外面的轨道跳跃到原来的轨道上。锂原子和钠原子的情形大体上跟氢原子一样。当电子从外面的轨道跳跃到原来的轨道上时，原子会发出它特有的光。

门捷列夫的预言实现

现在，我们再来看看门捷列夫的预言。门捷列夫说过，为了要填满他周期表上的三个空位，须要发现三种新元素。

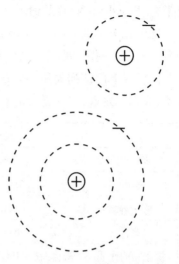

氢原子吸收光后，它的电子会移到外侧的轨道上（下图），当它回到原来的轨道上时会放出光

在他预言的五六年后的1875年，法国化学家布瓦博得朗正在研究锌矿石。他知道门捷列夫的预言，也知道有关那些未知元素的一切。他用分光器从锌矿石中发现了预言中所提过的元素拟铝，并以他祖国法国的名字 Gallia 给它命名，叫作"镓（Gallium）"。

在周期表上，镓排在锌的右边。镓掺在锌的矿石里面这一事实也说明有些性质很相似的元素会排在周期表上同一行相邻的位置，不过，性质相似的元素在周期表上还是排在同一列比较正常。

镓虽然是固体，但是它的熔点仅比室温稍微高一点，所以把装着镓的容器用手握几分钟，里面的镓就会融化。

到了1879年，瑞典的尼尔森发现了拟硼。他以北欧的斯堪的纳维

门捷列夫

亚半岛(Scandinavia)将其命名为"钪(Scandium)"。

德国化学家温克勒于1886年发现了门捷列夫所预言的拟硅,取德国名字German做它的名字"锗(Germanium)"。

比较一下门捷列夫所预言的拟硅的化学性质和新发现的锗的化学性质,我们会发现,三种元素的实际性质竟和预言推测的性质完全一致。

性质	拟硅	锗
原子量	72	72.6
密度	$5.5g/cm^3$	$5.47g/cm^3$
原子容*	13	13.2
颜色	暗灰色	灰白色
氯化物的性质	液体,在100℃以下就会沸腾	液体,86.5℃就会沸腾

*原子容是指21克原子所占的体积,就是用密度除原子量得到的数字。

这些充分体现了门捷列夫的天才才能和他周期表的价值。门捷列夫也非常有幸地在他有生之年看到了他所预言的三种元素都被发现了。

他逝世后,经过了半个世纪,在加州大学放射线研究所发现了原子序数第101号的元素,为了纪念这位伟大的化学家,就把它命名为"钔(Mendelevium)"。

氦的发现

在镓、钪、锗尚未被发现之前,人们就用分光器很成功地发现了一种当时没有人预测到的元素。1868年日食的时候,法国天文学家詹桑第一次使用分光器得到了来自彩层——太阳发亮的大气层——的光的光谱。他在光谱上发现了三条黄色谱线,其中的两条黄色谱线很快就被认出是钠特有的谱线。余下的那一条当然也是属于某些元素的,可是从来没有人知道这条谱线。

大家很快就达成了一致,认为这条特殊的谱线是属于太阳中未知的元素的。同时取太阳的希腊名Helios给那个未知元素命了名,叫作"氦(Helium)"。过了27年,才知道不但在太阳中,就是在地球上也有氦元素!

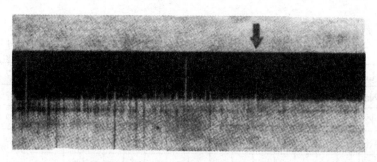

在太阳光光谱中发现的氦光谱线(箭头)

稀有气体元素的探求

可是在19世纪70—80年代的门捷列夫周期表上,没地方容纳氦这个元素。

在地球上发现氦和因此需要修改周期表,都跟自太阳中发现氦无关,而是由其他方面发展来的。19世纪80年代,瑞利在英国剑桥大学任物理教授,一直研究气体的密度,尤其对氮气有很浓厚的兴趣。他发现由氨气制出来的氮气的密度比从空气中分离出来的氮气的密度小了0.5%。

为什么呢?

实际上这些差别太小了,大部分人都没有把它当回事,但是化学家拉姆赛认为它值得研究。拉姆赛从一定量的空气中先除去氧气,再除去氮气后,还有些气体剩余了下来。他把剩下的气体装入玻璃管,用电流刺激它使它发光,并通过分光器观察那些光形成的光谱,发现光谱上的谱线不属于任何已知的元素。非常奇怪的是,在周期表上怎么找都找不到可容纳这个新元素的空位子。

到了1894年,拉姆赛突然意识到,会不会周期表上整整缺少了一列? 在门捷列夫的时代还没有任何一种属于这列的元素被发现过,所以一代大化学家做梦也没有想到他的周期表还少了一列。

拉姆赛想,他所发现的新元素可能就是那一列的第一个。第51页的表是将当时所知道的元素按现在的周期表排的。

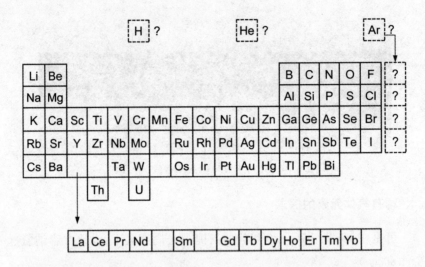

　　拉姆赛把它叫作"氩（Argon）"，是希腊语"懒怠者"的意思。因为看起来，氩好像完全没有化学性质，所以给它起了这个名字。它没有气味，没有颜色，也不跟其他元素发生化学反应。

　　第二年，拉姆赛又发现另一种新气体。它是对一种叫作克列布的罕见矿石加热时，从矿石中跑出来的。他研究了那种气体的光谱之后，发现它跟太阳中发现的氦的光谱完全一致。不久，拉姆赛在他的年青助手特拉威斯的协助下，成功地从空气中分离出了氦气。他们相信应该还存在其他的像氦气这样的气体，于是继续寻找。

　　他们采取分馏液态空气的方法。因为液态空气中的各种气体沸点都不一样，可以使其沸腾而把各种元素分离。如液态空气中的氮气会比氧气早沸腾而蒸发掉。分馏方法也是从原油中分离汽油等的基本方法。

　　他们使用这种方法将液态空气中的成分分离，再把得到的气体——放进放电管里用电流使它们激发发光，然后用分光器分析从放电管出来的光，看有没有新的元素出现。很快他们就发现了三种新元素，并命名为"氖（Neon，新东西的意思）"、"氪（Krypton，隐藏着的东西）"和"氙（Xenon，没见过的东西）"。

　　三种气体都跟氦气及"懒怠者"氩气一样，完全不与其他任何物质化合。现在我们把它们叫作"稀有气体"(或"惰性气体")。

这类气体的最后一个是由多恩在1900年发现的。铀放出射线的时候,大家都知道会产生某些气体。多恩第一个认出了它是稀有气体的最后一种,又是最重的一种,且具有放射性。他把它命名为"氡(Radon)"。

利用稀有气体

惰性气体也有很多用途。大部分都是利用它们跟其他物质不起反应的性质。氦最初在军事上的利用使英国人大吃一惊。1915年,到英国空袭的德国齐柏林飞船虽然中了英国的发火弹却安然无事,并未爆炸,因为飞机所用的气体不是容易燃烧的氢气,而是不会燃烧的氦气。

氦气次于氢气,是第二个最轻的气体,可是性质与氢气完全不同。如今,潜水人员已不再用空气作呼吸气了,而是改用氧气和氦气的混合气体。因为氮气溶于血液时,如果潜水人员从深水处迅速上浮,压力的骤减,血液中的氮气会变成气泡,结果就会堵塞微血管引起所谓的潜水病。氦气则不太溶于血液,所以不必担心潜水病。

拉姆赛早在1903年就已证明了镭衰变时会产生氦。这也是证明某种元素能变成其他元素的早期实验之一。今天,氦的原子核被用于原子核破坏装置,作为轰击原子核的"子弹"。氦的原子核就是把氦原子外围的两个电子取掉后的粒子,是衰变中很常见的一种产物——阿尔法粒子。

氩可以用来做焊接金属时的保护气,防止在焊接的过程中被焊接物体氧化,还可以用于盖氏计数管和灯泡。

氩、氖等部分惰性气体都是生产霓虹灯的基本材料。在玻璃管内涂上会发出所需颜色的荧光物质,然后充入适量的惰性气体的混合物,再通电就可发光,这就是大家所熟悉的霓虹灯。

为什么稀有元素不与其他元素化合

这些稀有气体的本质就是没有任何化学性质,不会跟其他任何元素化合。但是,1962年合成了氙和氟的化合物,后来又发现了氪、氡的化合物。为什么这些气体会有这么特殊的性质呢?原因就在于它们的原子结构。

钠原子的第 1 电子层上有 2 个电子,第 2 电子层上有 8 个电子,第 3 电子层上有 1 个电子。钠的化学性质非常活泼。

在周期表上,钠的前面是氖。氖的最外电子层上有 8 个电子。电子位置像附图那样整整齐齐。因此它没有让其他原子的电子进来的余地,也没有多余的电子进入其他原子的最外电子层上,所以它没有任何化学性质。

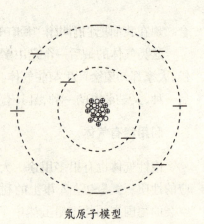

氖原子模型

若电子数比氖少一个,第 2 电子层上的电子是 7 个,那么有一个空位可以让其他原子,如钠多余的一个电子进入,这就是氟的情形。氟会拼命地找到多余的一个电子来填补它的那个空位,这就是它化学性质活泼的原因。跟钠一样,氟也是元素中最易反应的一种。

惰性气体,也就是稀有气体,像"稀"这个字一样,表示地球上非常少有,所以到了最近才被发现。这些稀有气体在周期表上刚好填满了门捷列夫所无法预言的整整一列。

周期表的完结

在那段时期,陆续地发现了门捷列夫所预言的"镓(Ga)""钪(Sc)""锗(Ge)"和属于"稀土"类的 8 种新元素。"镱(Yb)"——1878 年,"钐(Sm)""钬(Ho)""铥(Tm)"——1879 年,"镨(Pr)""钕(Nd)"——1885 年,"钆(Gd)""镝(Oy)"——1886 年。

"钋(Po)"和"镭(Ra)"于 1898 年被发现。之后,1899 年发现了"锕(Ac)",1901 年发现了"铕(Eu)",1907 年发现了"镥(Lu)",1917 年发现了"镤(Pa)"。

镧及其他 14 种"稀土"类元素通称为镧系元素,被放在周期表上钡和铪的中间。为了方便,它们被放在周期表的下面。它们之所以被叫作"稀土"类元素,是因为它们很像过去被叫作"土"的石灰或氧化镁。

H																	He
Li	Be											B	C	N	O	F	Ne
Na	Mg											Al	Si	P	S	Cl	Ar
K	Ca	Sc	Ti	V	Cr	Mn	Fe	Co	Ni	Cu	Zn	Ga	Ge	As	Se	Br	Kr
Rb	Sr	Y	Zr	Nb	Mo		Ru	Rh	Pd	Ag	Cd	In	Sn	Sb	Te	I	Xe
Cs	Ba		Hf	Ta	W	Re	Os	Ir	Pt	Au	Hg	Tl	Pb	Bi	Po		Rn
	Ra																

		La	Ce	Pr	Nd		Sm	Eu	Gd	Tb	Dy	Ho	Er	Tm	Yb	Lu
		Ac	Th	Pa	U											

　　锕及其后面的元素也被放在下面,与镧系元素上下一一对应,且化学性质也有些相似。

　　1923年发现了"铪(Hf)",1925年发现了"铼(Re)",此时至铀为止的周期表除剩下的4个空位外,其余的都被填满了。

　　周期表内的所有元素都是按原子序数的顺序排列的。原子序数是表示原子核电荷数的量,也是表示原子核外电子数的量。

　　周期表的第一横行,就是第1周期,只有2个元素,氢和氦,第2周期有8种元素,第3周期也有8种元素,第4和第5周期各有18种元素。第6周期有32种元素。到目前,第7周期的元素还没有填完。

　　周期表由上而下,化学性质相似的元素会排成一列。如左边第1列有氢、锂、钠等"碱金属"元素。第3列有钪、钇和全部镧系元素及全部锕系元素。

　　最右边是一族稀有气体元素。右边第2列有氟、氯等卤族元素,且元素原子最外电子层上都有一个空位。

7. 利用元素

　　至1925年人类已经知道了88种元素。它们都是天然元素,存在于土、水、空气等里面。元素尚未被提炼出来时,只是普通的岩石、土砂或其他什么的。当它们被发现以后,人类便学会了利用它们做建筑材料、建造船只、生产收音机甚至人造卫星等。

获得所需的材料,再加以利用,这属于工业问题。在古代早已存在,而现代,这仍是我们需要解决的问题。如何解决,可以把元素大体分为三种分别讨论:第一种是在自然界单独存在的元素;第二种是需要从矿石中提取的元素;第三种是以化合物存在的元素,即不必从化合物中分离,就可以直接利用的元素。

单独存在的元素

在自然界中,不跟其他元素结合就能单独存在的元素有碳、硫、氧、氮、铜、银、金以及惰性气体元素——氦、氖、氩、氪、氙、氡等。

这些"自由"的元素大部分都是以单质(单独存在的形式)混合在其他物质中存在的,可以通过很简单的操作把它们分离出来。像前面说过的,只要一个磁铁就可以轻易地把铁和硫黄分得清清楚楚。

在美国历史中,最富活力的是那一段"淘金"时代。金粒混在沙中,用锅等简单的工具就可以轻易将它们分离。因为金粒比沙子重,所以把河底的沙子装在锅里的水中摇动,金粒就会沉在锅底,然后把锅里面的水和沙倒掉,就只剩下纯金粒了。

在这些"自由"元素的混合物中,我们最熟悉的是空气。空气中大约五分之四是氮气,五分之一是氧气,还有一点点惰性气体。前面说过,它们的沸点是不同的,所以通过分馏液态空气就可以把它们分离。

从矿石中提炼元素

大部分的元素以化合物——矿石——存在于地下。大体上,自然界的矿石中都含有氧(如铁矿石或铁铝氧石)或硫(如辰砂、辉银矿、方铅矿)。辰砂的分子(HgS)是由一个汞原子和一个硫原子构成。辉银矿(Ag_2S)的分子是由两个银原子和一个硫原子构成。方铅矿的分子是由一个铅原子和一个硫原子构成,称为硫化铅(PbS)。

氧化汞(HgO)是容易提炼出金属汞的矿石之一。前面已经说过,把它放进蒸馏器皿中加热就有汞生成。当对氧化汞加热时,热量会把氧化汞分子里面的汞离子和氧离子分开,继而生成汞(水银)和氧气。

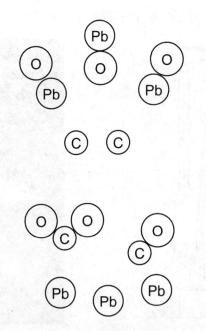

由碳(C)的作用,氧化铅(PbO)被还原成铅(Pb)

要把铅从氧化铅(PbO)中分离出来比较困难。因为氧离子跟铅离子的结合要比氧化汞中的汞离子和氧离子的结合牢固,所以要把氧化铅放在黑铅板上加热。黑铅是碳的一种形态,其中的碳会参与化学反应。碳比铅更容易与氧化合,利用这一点可使碳从氧化铅中夺取氧。

把氧化铅放在黑铅板上加热,一个碳原子会跟一个氧原子结合生成一氧化碳,或跟两个氧原子结合生成二氧化碳。两者都是气体,所以会跑掉而剩下纯铅。

铁和钢

铁在重金属中价格最便宜、储存最丰富,但还原起来也最困难。

铁很容易被氧化,所以不容易把它单独分离。铁制品都会在潮湿的空气中被氧化而生锈,所以几乎所有的铁制品的表面都涂有防锈材料。

铁矿石中大部分是赤铁矿(Fe_2O_3)——一个分子里有 2 个铁离子和 3 个氧离子和磁铁矿(Fe_3O_4)——一个分子里有 3 个铁离子和 4 个氧离

子。依铁容易氧化的性质看,这种现象是很自然的。

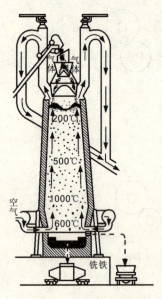

熔矿炉断面模式图

从平炉流出来的钢铁

既然铁原子很容易跟氧原子结合,那么,要把它还原会比铅困难得多。

铁矿石里面除铁的化合物之外,还有许多其他不受欢迎的矿物,所以大都采用熔矿炉(高炉)炼铁。熔矿炉有点原始的味道,却是效率最高的炼铁途径。

熔矿炉下面比较粗,像一个巨大的烟囱,高度通常在20米以上。里面装满了铁矿石、焦炭(碳的一种形态)和石灰石的混合物。从烟囱下面吹进的热风能使焦炭燃烧,生成一氧化碳。一氧化碳在炉的上方跟氧化铁中的氧结合生成铁。同时,石灰石分解生成的生石灰(CaO)会跟铁矿石里面无用的矿物及焦炭燃烧后的残留物结合在一起形成矿渣,从炉的下侧流出。

被还原的铁在里面呈液态,含碳量较高,大约含有4%的碳。这样造出来的铁叫作铣铁或铸铁。熔矿炉里发生的化学反应跟氧化铅和碳的反应很相似。一氧化碳从氧化铁的手中抢走氧生成二氧化碳,同时还铁的"自由"。

从熔矿炉里出来的铸铁可以经过种种加工手段提高它的纯度。例如使用平炉把碳从 4% 降为 0.5%。平炉炼出来的铁叫作钢铁或平炉钢。照片是从容量 275 吨的平炉里流出来的钢铁。碳的含量不同,铁钢的性质也随之不同。如软铁、碳的含量很低,容易打造不同形状的东西。而铸铁的碳含量很高,用铁锤一打就会粉碎。

钢铁加些其他元素造成合金,可以改良它的性质。如加些镍和铬就是不锈钢,若加入适量的钼、钒、钨、钴、钛等,可以改善钢的硬度、强度以及磁性等。

铝矿石的电解

有些金属比铁还难以获得,像金属铝。此时只加热铝矿石是无法得到铝的,还需要用其他方法,那就是电解。

把铝矿石熔化后通电,同时为了使电解顺利进行,还要加些别的物质。这样,阴极(负极)上就会有铝生成。

这样提炼出来的铝可以直接使用,也可以加入镁、铜或锰等制成合金使用。

氧化铝的电解过程相当复杂,用铜的例子说明比较容易理解它的基本原理。一样是电解,铜比铝容易分解提取。

电镀是电解原理应用中的一种,将镀件接电源的负极做阴极,镀铜时,铜接电源正极作阳极,含有铜离子的溶液作电解液,通电后铜溶解生成铜离子,在阴极上,铜离子获得电子析出附着在镀件表面。而电解法冶炼铝同样也是电解原理的一种应用。

元素和工业

任何一种元素都不是平均分布在地球上的,而是富集在某些地方。这样,在很大程度上影响了不同地域的发展,也决定了世界工业中心的位置。

像铁矿石的精炼,需要在矿石资源附近而且燃料充足的地方才行。以前是在矿山的广场上建造炼铁炉,再从附近的森林中采木材烧制木炭,用那些木炭精炼铁。可是今天铁或钢的大量生产需要更多的焦炭,所以一般是把矿石从产地运到精炼场去炼。如北美密歇根的铁矿石运到南方的石炭地去。目前还一直在开拓新路线,现在拉布拉多的铁矿石逆流而上圣劳伦斯河,被运到炼铁的高炉中去。

匹兹堡之所以与埃森和纽卡斯尔一样成为大工业中心,就是因为它附近有丰富的石炭矿脉。

以化合态利用的元素

第3种元素的利用就是其化合物的利用。

以化合态利用的元素的最好例子是有机化学——碳化合物化学门类,其中石油(原油)的分馏利用就是一个最典型的例子。

铜的电镀实验

关于石油化学,就请卡尔文来说明吧。卡尔文在1961年获得诺贝尔化学奖,是加州大学伯克利分校的化学教授,是劳伦斯射线研究所的生物有机化学部部长,是世界闻名的化学家之一。在光合化学方面,他的研究(即所谓卡尔文回路)贡献最大。

8. 有机化合物

我讲解的课题是,如何将自然界中以化合态存在的元素不加以分离而直接利用。在这里担任主角的是碳。自然界中,碳大部分都以石油和石炭存在。当然,石炭可以说就是碳本身。

石油的主要成分是碳和氢所构成的多种化合物。刚从地下抽出来的石油,也就是原油,呈黑色并有一点臭味,是一种混合物。虽然原油也可以不加工而直接利用——如柴油机引擎的燃料,但一般都要经过加工后才利用。

如果想知道如何加工,需要先了解构成原油的分子是什么。

碳原子的结构和性质

原油的主要成分是碳和氢,所以值得研究一下碳原子的结构。碳的原子核有6个单位的正电荷,第1电子层上有2个电子,第2电子层上有4个电子。按规律它的第2电子层上能容纳8个电子,而实际上只有4个电子,所以一个碳原子最多可和4个其他原子结合。

正在说明的卡尔文

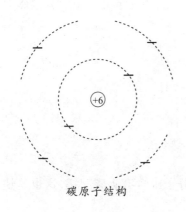

碳原子结构

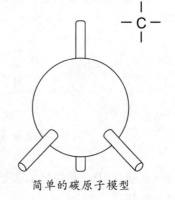

简单的碳原子模型

有机化学上通常使用的碳原子模型很简单,是一个球棍模型。其中的4根细短棍代表碳原子的最外电子层上的4个电子。碳原子与其他原子(包括碳原子)结合时,是以各自提供一个或多个电子形成电子对结合的。这种结合叫作"共价结合"或"电子对结合"。

从化学反应的立场看,碳有4个多出来的电子,所以有一点像金属,但是反过来,它的最外电子层上有4个空位子,所以也可以说像卤类。实际上,在周期表上,碳是排在金属锂和卤素氟的中间的。

碳氢化合物(烃)的种类

因为碳有这种独特的性质,所以很容易以各种形式跟其他原子结合,目前我们所知道的碳化合物就有50多万种,碳同时又是构成生命的主要成分。

只由碳和氢两种元素构成的化合物就有好几千种,这种化合物叫作碳氢化合物,跟动植物有非常密切的关系,所以有关它的研究成了"有机化学"的一部分。石油是由太古时代的植物在地下经过长期的、复杂的过程后形成的,所以含有大量的碳氢化合物。碳氢化合物学名叫烃,其中包括烷烃、烯烃和炔烃等。

甲烷(CH_4)是烃类里分子组成最简单的一种,是天然气的主要成分,一个甲烷分子中有1个碳原子和4个氢原子,原子之间通过共价键结合。烷烃的种类很多,除了甲烷外,还有乙烷(C_2H_6)、丙烷(C_3H_8)、丁烷(C_4H_{10})等。

乙烯(C_2H_4)是烯烃的起始物质。烯烃的特征是分子中含有碳碳双键($C=C$)。

$$\begin{matrix} H \\ H \end{matrix} C = C \begin{matrix} H \\ H \end{matrix}$$

$$H - C \equiv C - H$$

乙烯分子(上)及乙炔分子

乙炔(C_2H_2)是炔烃的起始物质,其分子中含有碳碳三键,这也是炔烃的特征。

石油的提炼和裂解

石油的主要成分是各种烷烃、环烷烃和芳香烃。如要利用它,必须先把各种分子分开,用分馏法比较容易。

将石油导入分馏塔的底层加热,挥发的石油会在塔中上升,按挥发性的大小,在不同层的塔盘上分离出重油、柴油、煤油等。挥发性最大的烃以蒸气状态从分馏塔顶出来以后,再冷凝成汽油(其中包括溶剂油)。

像煤油、汽油等轻质油可以直接作燃料使用,可是像重油等只能当作润滑油或脂膏用,此外别无用途。如果想把它们利用于其他方面,就需要设法将那些重分子内的原子排列重新改变才行。

为了改变原子的排列,需要把它们放进锅炉里加热,并加压,把那些大分子裂解成小分子,这种方法叫作"裂解法"。那些裂解后的烃再经过蒸馏,就可以得到各种比较纯的成分。用这种裂解法所得到的成分中最普遍的是含4个碳原子的异丁烷和异丁烯。这两种烃的差别在于异丁烯分子中含有一个碳碳双键。

这个双键不稳定,一有机会就会分开跟别的物质发生反应,所以如有触媒存在,双键就会打开,跟异丁烷结合成为含有8个碳原子的辛烷,这就是所谓高辛烷值汽油的主要成分。

聚合及其利用

另外还有其他方法可将裂解法得到的轻分子再重新结合,合成新物质,这也是利用了碳碳双键结合的不稳定性。如果有了适当的触媒,会使双键打开的分子跟同种类也是双键的分子结合,这样两个结合在一起的分子会跟第3个同样的分子结合,还会与第4个、第5个……依次无限地结合下去。这种分子会变得很大,叫作"聚合体",是由有一个双键结合的单元体"聚合"而成的。

聚合的意思是使两个以上的同种分子结合,生成物理性质不同的化合物。在我们身边,由这种聚合得到的东西太多了,如由两个碳原子及一个双键的单元体聚合生成的化合物聚乙烯。从石油中除了可以加工得到各种燃料之外,还可以加工得到磺胺剂等药品。

正是这样,人类充分利用了石油。

三、原子核

前面所说的糖的加热分解、元素的提炼、石油的裂解等都是化学反应。化学反应就是物质发生化学变化而产生性质、成分、结构与原来不同的新物质的过程,如木材的燃烧。

可是原子核反应跟它完全不同。

原子核反应是带电粒子、中子或光子与原子核相互作用,使核的结构发生变化,形成新核,并放出一个或几个粒子的过程。任何元素的原子核都是由核内的粒子——质子和中子——构成的,假如那些粒子的数目有所改变的话,那么,那个元素就会变成同位元素或者成为另一种元素。

99.9%以上的原子重量都集中在小得无法相信的原子核上,所以原子核相对其原子来说是非常重的。假如整个原子的密度都跟原子核一样高的话,用这种原子做的高尔夫球就会有数十亿吨重,由此推想,质子及中子的中心部分很可能比原子核的密度还高。把这么重的粒子密密地集中在那么小的核中,可想而知,那作用力是多么大啊。

这种力——核力——是什么,我们还不清楚,不过我们已经知道它的能量大概有多少。例如像铀或钸等这些元素原子只需一小部分就能释放出大量的能量。

同样,如要把带电的粒子射进粒子和粒子紧密结合在一起的原子核内,该知道需要多大的能量了吧。

由于需要很大的能量,又为了要彻底解决原子核研究所面临的困难,于是出现了回旋加速器和其他巨大的粒子加速装置。

劳伦斯射线研究所

加州大学的劳伦斯射线研究所设在俯瞰旧金山湾的伯克利山丘上。在研究所里装有现代的炼金术装置。科学家利用这些装置实现了昔日炼金士的愿望——将一种元素改变成另一种元素,再合成地球上根本不存在的新元素,并取得了辉煌的成就。

劳伦斯射线研究所是一所合成并确认了大部分新元素的研究所,也是提供人与自然之间的新关系的原动力的研究所之一。这里装备有照片上的质子加速器(Bevatron)以及184英寸的回旋加速器(Cyclotron)等粒子加速装置,担负着美国原子能委员会(AEC)基础研究的重任。

加州伯克利的劳伦斯射线研究所

回旋加速器是跟所有合成元素的诞生有实际关系的原子破坏装置。我们请现在已经退休的劳伦斯博士说明一下回旋加速器诞生的经过吧。劳伦斯博士是伯克利加州大学射线研究所的创始者,当了22年的研究所所长,发明了回旋加速器。因此,1939年他获得了诺贝尔物理学奖。

正在说明回旋加速器的劳伦斯

1. 如何制造回旋加速器

大约40年前(1919年),卢瑟福发现用高速度的氦的原子核,也就是镭衰变时放出的阿尔法射线去冲击氮的话,可以把氮变成氧。从此,科学家们为了研究原子核,开始寻找可以把原子那样的粒子加速到非常高的速度的方法。

1920年建造了第一座粒子加速装置,可是它只不过是提高电压及提高真空度的普通放电管而已。它是有两个电极的简单的真空管,一个电极是正电位,另一个电极是负电位,两个电极间的电位差(电压)大约只有100万电子伏特。

正电极造出的带着正电荷的阿尔法粒子在负电极的吸引下,像下坡一样一直增加运动能量,最后冲到负电极上,直接跟构成负电极的原子相撞,于是产生原子核反应,放出射线。

不久,大家都发现这种加速器只能把粒子加速到100万至200万电子伏特,仍需要再想办法把粒子加速到数千万甚至数亿电子伏特。

回旋加速器的原理

任何一个小孩子都知道,假如想把秋千加速升高,有两种方法:一种是一鼓作气,像刚才说的高电压加速装置一样;另一种是每摇动一次用一点力,慢慢加速升高。

回旋加速器是在1929年采用第二种方法发明的。使粒子在圆圈里面运动,每运动一

说明回旋加速器的模型

圈回到原来的位置时就从后面推一下,使它渐渐加速。伦敦科学博物馆的沃德博士制造了一个能巧妙地说明回旋加速器作用的模型。右上的照片是它的复制品之一。

回旋加速器的真空管里面有两个半圆形的电极,叫作"D"。这两个电极

的电位会互相变换,就是说电位会一下是正、一下是负。模型的两个半圆板会上下移动(当然真的电极不会这样上下移动,是用板的上下代表电位的高低)。模型用重力代替电位差使铁球(代替粒子)加速。铁球在模型的螺旋形沟内转动,但是粒子在回旋加速器内受强力磁场的作用会成螺旋形轨道飞驰,不会碰到内壁。

两个口交相上上下下,使球不断地在下坡

加速器中心造出的粒子从一个"D"飞出去到达另一个"D"之后,加速开始。铁球顺着沟纹画成半圆后移到另一个半圆板,这时候两个半圆板的上下关系会变换,铁球会继续加快速度。两个半圆板(D)会互相变换高低,致使铁球不管什么时候都会加快速度。

这样粒子每一次通过两个"D"都会增加它的运动能量慢慢向外侧移动,到最后在最外侧冲上靶心。当然靶心就是我们所要研究的,会产生原子核反应的地方。两个"D"的电位差是由高频交变电场提供的。冲上靶心之前,粒子要通过两个"D"好几百次,所以最后能得到相当于一次最大加速电压加速能量的数百倍。

回旋加速器的发展

1930年我们试造了第一台回旋加速器,还没有装上磁铁。它虽然没有多好的性能,但还是可以操作的,所以我们把它留作纪念。两个电极用蜡黏在一起放在磁铁的中间。第二个模型跟头一个差不多一样大,约8英寸,它的性能还不错,用了很久。

11英寸回旋加速器

接下来是11英寸的回旋加速器,可以产生100万电子伏特的电压。我们用它实地做过原子核实验。事实上,用回旋加速器实现第一次原子核衰变的就是这个11英寸的回旋加速器。

后来制造了27英寸的回旋加速器,接着又制造出37英寸的。前者可以产生400万到500万伏特的电压,我们用它合成出了许多新的放射性同位素。

之后,又诞生了60英寸的回旋加速器,这个加速器可以产生5000万电子伏特的阿尔法粒子,我们目前还在使用。

最后,造出了184英寸的同步回旋加速器。经过1957年改造后,可以产生7.2亿电子伏特的粒子。我们用这个4000吨的机器进行了大量的研究,今后还会不断地继续下去。

射线研究所更大的加速器是质子加速器。质子加速器虽然不是回旋加速器,可是与回旋加速器有许多相同的特征。质子加速器是麦克米伦发明的。它的名字"Bevatron"的"bev"是10亿电子伏特——billion electron volt 的头一个字母。这个装置可以把粒子的能量增加到62亿电子伏特。

质子加速器

质子加速器建在庞大的圆形建筑物里。粒子在直径30米的像田径跑道一样的磁铁中回转,和25年前的第一个8英寸回旋加速器相比,进步实在惊人。

我们不知道回旋加速器会发展到什么程度。更大的加速装置正在美国的布鲁克海文国家实验室、长岛和日内瓦建造中。我相信将来一定会出现1000亿电子伏特的加速器。

从左到右,27英寸回旋加速器(站在旁边的是劳伦斯)、60英寸回旋加速器、184英寸回旋加速器。

元素的合成

如此,回旋加速器成为制造人工合成元素和发现新元素的基本设备。其实人造元素的故事从 1925 年——88 种天然元素的最后一种被发现的时候——就开始了。

天然元素中最重的是原子序数 92 的铀。1925 年的周期表中还有四个空位,就是说还有四种元素尚未被发现。它们的原子序数是 43,61,85 及 87。

现在分别把它们叫作"锝(Tc)""钷(Pm)""砹(At)""钫(Fr)",其中几种曾误传在 1937 年以前已被发现,不久就被更正了。

这四种元素都很不稳定。大约在 50 亿年前地球刚诞生时可能就有它们了,可是它们的原子核非常不稳定,所以在漫长的岁月中不断放出射线而衰变,最终完全消失。这种不稳定的元素会变换成更轻、更稳定的其他元素。我们用人工可以把它造出来。现在如果不去研究原子核的结构,就无法说明元素的不稳定性、放射能、核反应等问题。

前面说过,普通的氢原子只有一个质子。用圆圈围加号"⊕"代表质子,这个加号表示它有一个单位的正电荷。给氢原子加一个没有电荷的粒子——中子,就变成氢的同位素——重氢。再加一个中子和质子就成为氦的原子核。假如再加一个质子和中子上去,就成为锂的原子核。这样一个一个地垒加就会逐渐成为更重的元素的原子核。

例如银的一种同位素的原子核中有 47 个质子和 60 个中子。这种银的原子核中一共有 107 个质子和中子,所以原子量是 107。如用记号表示银原子时,在银的化学符号的左下角写银的原子序数——原子核里的质子数——47,在左上角写原子量 107,整个记号为 $^{107}_{47}Ag$。

我们用中子来轰击银的原子核,银的原子核会"吞"下一个中子而原子量增加 1,成为 $^{108}_{47}Ag$。

这种稍微重一点的银的同位素有放射性,就是说原子核中的一个中子会变成质子,中子获得正电荷而变成质子的同时,会放出一个带负电的电子。

原子核多一个质子,原子序数就增加 1,所以不再是银而是镉(Cd)了。以中子(Neutron)英文名的第一个字母 n 代表中子,以电子

(Electron)英文名的第一个字母 e 代表电子,可以将上述过程写成:

$$^{107}_{47}Ag + ^{1}_{0}n \longrightarrow ^{108}_{47}Ag \longrightarrow ^{108}_{48}Cd$$
$$\downarrow$$
$$^{0}_{-1}e$$

让我们来做一个小实验。把银币放进装着含有镭和铍的袖珍型原子破坏装置中,就会有中子去撞击银。数分钟后,银币就会带有使盖氏计数器发出声音的放射能,这些放射能是"吞"下中子的银原子自动地变成镉原子时放出来的。

空白的四种元素

1925年的周期表中留下空白的四种元素当中,"锝(Tc)""钷(Pm)""砹(At)"——是用将银变换成镉的方法,以人工合成的。第四种钫(Fr)是在观测非常罕见的现象——锕衰变时发现的。阿尔法粒子由两个质子和两个中子构成,就是氦的原子核。

锕是放射性元素,原子序数89,质量数227。巴黎的居里研究所的佩里小姐偶然发现了它放出阿尔法射线而衰变的罕见现象。衰变中,锕放出一个阿尔法粒子,变成了原子序数87的新元素。佩里小姐用自己国家的名字给它命名,叫作"钫(Fr)"。

这个过程可以写成:

$$^{227}_{89}AC \longrightarrow ^{223}_{87}Fr + ^{4}_{2}He$$

或

$$^{227}_{89}AC \longrightarrow ^{223}_{87}Fr$$
$$\downarrow$$
$$^{4}_{2}He$$

如果用文字表述,就是质子数89,原子量227的锕失去一个阿尔法粒子后会变成质子数87、原子量223的钫。钫仅在放射性元素衰变的过程中才会在自然界存在,所以数量极少。钫的同位素中寿命最长的,半衰期也不过22分钟。半衰期是指放射性同位素衰变其原有核数的一半所需的时间。

其他三种——锝、钷、砹是在回旋加速器或原子炉中用合成变换的方法造出来的。

合成元素的认识

最困难的事情之一是造出新元素后,确认它是否是新元素。原子序数 43,61,85,87 这四种元素都是从微量的标本中分离、浓缩后才确认的。

假定有无法称量,根本看都看不到的微量的镭,就只有观测它的射线来确定它的存在了。从镭的"近亲"元素钡或锶的溶液中可以分离出微量的镭,就是从那些"近亲"元素的溶液中,用普通的分析方法去分离那些元素,从而获得微量的镭。锝、钷、砹、钫这四种元素就是用这种方法确认其存在的。

塞格瑞

第一个被合成而确认的元素是锝,发现者是塞格雷和他的同事佩里埃。塞格雷是加州大学的物理学教授,1959 年获诺贝尔物理学奖。

我们请塞格雷博士谈一谈他的发现吧。

2. 锝的意思是"人造"

很早以前,我跟费米在罗马合作过五六年时间,研究放射能,于 1936 年离开罗马,搬到了巴勒莫。那里的实验室狭小而简陋,没有像伯克利那样的大研究室。我希望能够找到在那种地方也可以做的研究课题。1936 年,我到伯克利去参观了那个 37 英寸的回旋加速器,那个小加速器当时是用于加速重质子的,现在已不再使用了,带回巴勒莫一小片用重质子照射过的钼。

有充分的理由相信用重质子轰击的钼会产生原子序数为 43 的元素——锝(Tc)。钼的原子核中有 42 个质子。重质子就是重氢的原子核,有一个质子和一个中子。锝的原子核中当然有 43 个质子。

我们认为跳进钼的原子核内的重质子会给钼原子核一个质子,所以一定会变成锝。可是问题是如何能证明这个假设。我们采用追踪技术,先把被重质子照射过的钼溶化,加入某种元素进去作追踪物质。然后在溶液中寻找跟铼或锰相似的物质,因为铼和锰在周期表上都跟锝排在同一列上。反复了许多次繁杂的操作之后,1937 年,我们终于发现了某种物质。它跟铼虽然很相似,但是我们还是证明了它并不是任何已知的元素。后来,我们甚至把它从铼中分离出来了。

这是最初的人造元素,所以把它叫作"锝(Technetium,人造的意思)"。关于这项工作,矿物学家培莉伊帮过我们不少忙。对矿物学家来说,这种事可能是司空见惯了吧。就辛苦而言,起码跟他们从矿山中掘出矿石差不多。

1938 年,伯克利的西博格博士和我发现了半衰期大约有 20 万年寿命的锝的同位素。另外吴小姐和我在铀的核裂变的产物中也发现了同样的物质。

砹的发现

第二个被发现的是砹。用 1936 年的那个小型回旋加速器是无法造出砹的。直到有更大的回旋加速器产生,我们才能获得高能量的阿尔法粒子,把它打入铋的原子核里面。

阿尔法粒子有 2 个质子和 2 个中子。假如将 2 个质子打进铋的原子核——它有 83 个质子——就可以造出 85 个质子的砹。事实正是如此。先将氦原子的电子赶出,使它变成阿尔法粒子,然后将其送进回旋加速器内加速后,再去撞击铋的原子核。如果阿尔法粒子顺利进入铋的原子核中,那么 2 个中子便会被弹出去而获得砹原子。最后还需要用化学方法去确认它。

这项工作比发现锝轻松得多。砹像碘,易升华,所以把被阿尔法粒子照射过的铋加热,砹就会升华而分离出来。然而在 1940 年发现它时所做的实验并不像现在说起来的这么简单。

如果把碘放进容器内加热,升华出来的碘蒸气就会集中在白金板上。砹也可以用这个方法获得。把阿尔法粒子照射过的铋片——含有微量的砹——放进容器内加热,那么跟碘一样,砹也会升华。升华而分离出来的砹虽然看不见，可是它有放射能，可以用盖氏计数器证明它的存在。

我们把它叫作"砹（Astatine）"的理由是：卤族各元素的名字是表示它的性质的。如氯（Chlorine）是"绿色"、溴（Bromine）有"臭味"、碘（Iodine）是"紫色"的意思。可是不管怎么处理，我们总是看不到它，而它又没有什么气味，除非检测出它的放射能，否则就没有其他方法可以捕捉它。所以把它叫作"Astatine（不安定）"。

砹的化学性质很像卤族元素，尤其最像碘，所以尚未发现它的时候把它叫作"拟碘"。它在生理学上的作用也跟碘相似，都会集中在人或动物的甲状腺上。

钷的发现

周期表上空白的第四种元素原子序数是61。它名叫"钷（Prometium）"，是希腊神话中提旦族的英雄普罗米修斯（他为了人类，从神的手中盗取火种）的名字。

钷不是用回旋加速器而是在原子炉中发现的。化学上的确认是在1945年，由橡树岭国立研究所的格林丹尼、马林斯基、科里尔三位科学家共同完成的。

钷是"稀土类"元素的一种，所以跟其他"稀土类"元素，即跟镧系元素很相似。硝酸钷是一种没有任何特征的粉末。

四种空白元素原则上可以说都不存在于自然界。它们都有放射性，非常不稳定。

从实用的角度看，它们几乎没有利用的价值，而从研究原子或原子核的结构角度来说，它们很有趣而且很重要。

3. 超越铀的元素

四种"空白"元素的发现，使得周期表至铀为止的部分总算齐全了。而事实上，周期表的完成只不过是发现新物质踏出的第一步而已，此后所获得的成果才是值得歌颂的，它给世界带来了巨大的影响。

周期表上超过铀的那一边是原子序数比92大的有放射性的元素。其中一两种在地球上虽然有，却非常少。其他的可以说完全没有，只有通过合成才能造出来。

事实上，比铋及铅还重的元素都有放射性，只不过在不断地衰变。所以再过若干年后，地球上最重的元素恐怕就是铋和铅了。因为在遥远的未来，比它们重的元素钋、氡、镭、锕、钍、镤、铀都会完全消失。这些元素还存在着的事实说明了地球的年龄是有限的。据估计，现在地球的年龄大约是46亿岁。

超过铀的元素一个比一个不稳定。如94号钚的同位素钚239，它的半衰期是24000年，可是原子序数101的钔的半衰期只有30分钟。

H																	He
Li	Be											B	C	N	O	F	Ne
Na	Mg											Al	Si	P	S	Cl	Ar
K	Ca	Sc	Ti	V	Cr	Mn	Fe	Co	Ni	Cu	Zn	Ga	Ge	As	Se	Br	Kr
Rb	Sr	Y	Zr	Nb	Mo	Tc	Ru	Rh	Pd	Ag	Cd	In	Sn	Sb	Te	I	Xe
Cs	Ba		Hf	Ta	W	Re	Os	Ir	Pt	Au	Hg	Tl	Pb	Bi	Po	At	Rn
Fr	Ra	Ac	Th	Pa	U	93	94	95	96	97	98	99	100				

La	Ce	Pr	Nd	Pm	Sm	Eu	Gd	Tb	Dy	Ho	Er	Tm	Yb	Lu

超铀元素的探索

这个周期表是二次大战前科学家们想努力造出比铀重的元素时确定的。锝（Tc）、钷（Pm）、砹（At）、钫（Fr）是在此之后才获得了名字或被发现的；为了方便，在表上也把它们列了出来。

镧及稀土类元素跟现在一样，放在钡和铪的中间，可是已知的三种最重的元素——锕、钍、铀排在锕的后面，被认为与铪、钽、钨有很大的关系，所以由此推想，铀后面的93号元素一定跟铼的化学性质相似，同样94号到100号的元素也被认为应该像这个周期表那样排列。

制造比铀重的元素的工作由费米、塞格雷及他们的助手负责。1934年，他们在意大利用中子照射铀，然后分析结果，发现了许多放射性物质。看起来它们的化学性质跟当时的周期表上94号和96号的元素好像有一点相似。

可是随着进一步发展,尤其是1938年,通过斯特拉斯曼等人在原子核分裂中的发现知道了费米和塞格雷的解释并不对。费米和塞格雷的实验所获得的放射性产物其实是碘、锡等更轻元素的放射性同位素。

第一个发现原子序数比铀大的元素的人是现在的劳伦斯研究所所长麦克米伦和艾默生。1940年,他们也用中子照射铀,并从它的产物中第一次确认了93号元素。我们请麦克米伦博士来讲解他们发现这个元素的经过吧。他因此项成果和其他有关的发现,1951年和西博格博士一起获得诺贝尔化学奖。

麦克米伦

4. 镎

第一个超铀元素的发现是从美国收到有关原子核分裂这个大发现的消息时开始的。

听到消息的人个个都很兴奋。所有的人都开始研究有没有什么简单的实验可以发现有关的东西。

由核分裂生成物的测定发现

我想到了一个可行的实验是测量铀原子分裂时,它的碎片在物质中能够飞多远。

为了做这个实验,我在纸上涂了一层氧化铀的薄膜,并在那张纸下面放上好几层不容易起反应的薄材料,以便接住铀分裂时产生的碎片。我用普通的香烟纸作接住碎片的材料,把它折叠成像一本小书,在上面放上氧化铀的薄膜纸,再把这沓上面有氧化铀的香烟纸书放入回旋加速器,然后用中子撞击它。被中子撞击后,一部分的铀原子发生核分裂,分裂中产生的碎片会钻进"书"中,停留在不同深处。

剩下的工作是把纸张分开,用盖氏计数管测量各张纸的放射能。这是任何人都想得到的简单实验。当然我得到了我想要的结果,同时也得到了一个额外的收获,而那个额外的收获反而带来了比实验本身的结果更重要的成果。

这个成果是,最上面的那张纸有放射能,而那些放射能的半衰期和性质都跟下面的纸张所接住的核分裂的产物不一样。

这其中暗藏着什么呢?核分裂的产物统统都飞掉了,为什么留下那些特殊的放射能呢?

可以想到的是,也许发生了什么别的过程。我们想可能是铀原子仅仅捉住一个中子,而并没有分裂。其实以前就知道这种过程的存在,而且在纸上也发现过那种放射性的铀,但是同时也发现了不知道衰变期的别的放射能。我猜想它会不会是由放射性的铀的衰变产生的新元素所释放的放射能呢?

镎的发现

我顺着这个思路探索下去,想知道这个释放未知放射能的物质到底是什么。我请刚好到伯克利度假的老朋友卡内基研究所的艾默生帮忙。他答应参加我们的研究,结果他的暑假变成了辛苦的假期劳作。我们努力地研究探索留在最上面那张纸上的产生放射能的物质的本质,并证明了它的化学性质跟当时所知道的任何元素都不同。它就是原子序数93号的元素"镎"。照片上的是放在银币大小的玻璃瓶里的镎。

用银币大的玻璃瓶装着的镎

镎的名字取自海王星,是第二个以行星命名的元素,铀是第一个,以天王星命名。

我们发现的镎有意想不到的性质,所以有必要修改周期表。那个时期已经知道存在一种比铀多一个质子的元素。这个新元素的性质被认为一定按着周期表的规律跟铼相似,所以被排在铼的下面。

可是我和艾默生发现镎跟铼一点都不相似,倒是跟铀相似。事实上,它们之间只有很微小的差异而已。因此,周期表上的一些元素的排列有必要进行修改。

指向 94 号元素

艾默生博士回去之后,我继续努力寻找 94 号元素。

发现有镎的纸张上面为什么还有别的元素呢?答案很简单,镎的原子核会放出一个电子而衰变。镎的原子核放出一个电子后,一定会有一个中子变成质子,所以它的原子核会多出一个单位的正电荷。93 号元素多了一个质子,当然就变成了原子序数 94 的元素。因此,我们知道一定有 94 号元素存在。问题是如何去证明它。

我们认为这个元素的原子不会放出电子,而是会放出阿尔法粒子。那么,用我们当时的方法去检验它的放射能就有许多困难。我们从化学的角度去考虑这个问题,希望能发现阿尔法粒子。遗憾的是,那时正值美国参与二战的时期,而我也参与了雷达的研究开发,致使我无法完成这项研究。因此这项研究就由西博格博士继续开展。

钚的发现

94 号元素的研究由西博格、沃尔、肯尼迪、塞格雷继续进行。他们使用伯克利的 60 英寸回旋加速器,用重质子——一个质子和一个中子的重氢原子核——去轰击铀,第一个造出了 94 号元素的一种同位素,并确认了它。这个元素排在镎的后面,以冥王星的名字给它命名叫作"钚(Plutonium)"。照片上是初次造出的钚,是用眼睛看得见的标本,只有针尖大小,现在被固定在塑胶圆筒内留作纪念。

固定在塑胶圆筒上的钚

如将铀的原子核看成是一堆黑棋子(质子)和白棋子(中子)的话,就很容易解释清楚关于原子核反应的这个问题了。

麦克米伦和艾默生给铀的原子核加入一个中子,合成不稳定的铀原子核。它开始衰变的时候,原子核中的一个中子会放出一个电子而变成质子,得到 93 号元素"镎"。继而镎核中的一个中子会继续放出一个电子而变成质子,得到 94 号元素"钚"。

这一过程可表示为：

$$^{238}_{92}U + ^{1}_{0}n \longrightarrow ^{239}_{92}U \longrightarrow ^{239}_{93}NP \longrightarrow ^{239}_{94}Pn$$
$$\downarrow \qquad \downarrow$$
$$^{0}_{-1}e \qquad ^{0}_{-1}e$$

就是说，铀238吸收一个中子变成不稳定的铀的同位素铀239，铀239放出一个电子变成镎239，镎239再放出一个电子后变成钚。

因为中子不带电，只有一个单位的质量，所以它的记号写成 $^{1}_{0}n$。$^{0}_{-1}e$ 的左下角的"-1"表示放出一个电子之后，原子核会失去一个单位的负电荷，反过来说就是原子核中会多出一个单位的正电荷。

用重质子照射，初次合成钚的反应可以写成：

$$^{238}_{92}U + ^{2}_{1}H \longrightarrow ^{238}_{93}Np + ^{1}_{0}n$$

$$^{238}_{93}NP \longrightarrow ^{238}_{94}Pu$$
$$\downarrow$$
$$^{0}_{-1}e$$

其中，重质子（重氢原子核）用符号 $^{2}_{1}H$ 表示，H是氢的化学符号，左下角的"1"表示有一个单位的电荷，左上角的2表示其质量数为2（一个质子和一个中子）。

钚的原子核分裂

钚的同位素中最重要的是钚239，因为这个同位素被速度慢的中子轰击时会发生核分裂，就是说可以用来制造原子弹。

证明钚被速度慢的中子轰击会发生核分裂的实验，早在1941年，用伯克利的回旋加速器就已做过。这种实验也可以用镭和铍的混合物代替回旋加速器以小规模去做。这时可用接在电离箱的示波仪（Oscilloscope）检出核分裂的结果。电离箱跟盖氏计数管一样是检验放射能的装置，里面密封着正电极、负电极及气体。电荷粒子飞进电离箱时，会撞击里面的气体原子，被撞击的气体原子因此而被夺去电子，变成一价阳离子，那些阳离子会因负极的吸引而在箱内形成电流，然后将此电流放大输入示波仪，在荧光屏上就可看到相应的图像。

将钚239放进电离箱后，由于它能自动放射阿尔法粒子，因此，示波仪上面会出现很小的瞬间波动。再把中子源放在电离箱的下面，在示波仪上偶尔会出现大而亮的瞬间波动，这就表示速度慢的中子撞到钚239

的原子核后引起核分裂，同时放出很大的能量。

证明了钚有这样重要的性质后，剩下的问题是如何大量地生产它。因此许多化学家、物理学家、生物学家被请到当时设在芝加哥大学著名的战时"冶金研究所"去研究这个问题。在那里，物理学家们在费米的指导下实现了钚的大量生产。他们利用天然铀和黑钴的原子核连锁反应生产出含钚的物质，再由化学家将钚从其中分离出来。

超微量化学装置

在这个化学问题中有趣的一件事是，实验材料的钚只有大约一百万分之一克，几乎看不见，实验时，需要将它溶于微量溶液，差不多一滴水那么多，所以需要制造适合于这些微量材料的袖珍实验装置。他们造出了许多像玩具一样的试管、蒸馏瓶、天平、离心机等，天平的横杠及吊秤盘用的绳是比头发还细的石英纤维。科学家们有时候开玩笑说，他们是在用看不见的天平去称量看不见的东西。

用那些超微量化学装置，坎宁安和沃纳测定了钚的化学性质，同时也称量出了前面那张照片上的钚的重量，大约有一百万分之一克。这种超微量化学装置实验是为了检验华盛顿州哈特福德用核分裂连锁反应造出的钚分离的化学方程式而做的。

三种核燃料

容易起核分裂的物质，就是核燃料，共有三种：钚239、铀235和铀233。钚是将铀238放在原子炉内用中子照射获得的。同样，用中子照射90号元素钍可获得铀233。

天然铀235在天然铀中只占一百四十分之一，在第二次世界大战中，用在田纳西州橡树岭实验的那种方法可以把它分离出来。

下面，我们将要说说从1944年左右开始的新元素的探究。有些非常重要的理论上的疑问等着我们突破。

5. 突破难关

从1944年开始，西博格、詹姆士、摩根等人在芝加哥大学的冶金研究所继续研究原子序数 95 和 96 的元素。事实上,证明被造出来的元素是真正的新元素要比造出新元素更加困难。

西博格和他的助手做了许多认为可以造出 95 号和 96 号元素的实验。他们做了繁杂而冗长的化学处理,努力地去分离并确认那些显微镜才看得到的微量的不一定存在的新物质。

寻找可能存在的东西,需要有依据,就是说需要知道它们在什么地方、用什么方法可以找到。这关系着以后实验的方向。

周期表的订正——锕系

如果周期表完全正确,它就会引导我们去发现新的元素。依据 1944 年的周期表,认为铀、镎和钚是化学上的表兄弟,但是真实的血缘关系还是不清楚。研究者以为原子序数 95 和 96 可能跟它们很相似,就是说它们在一起可能构成铀系元素。

所以,根据 1944 年的周期表,元素 95 号和 96 号的化学性质一定跟镎和钚很相似才对。可是这种想法是错误的。根据这种假定所做的实验全都失败了,根本找不到 95 号和 96 号元素。

至此,西博格开始想,会不会把那些比锕重的元素在周期表上放错了位置?不久前麦克米伦曾发现过镎与预期的不同,完全跟铼不相似。那么,现在找不到 95 号和 96 号元素的原因显然是它们在周期表上的位置不对。

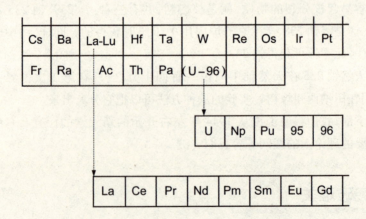

西博格的想法是比锕重的那些元素很可能跟"稀土类"元素——镧

系元素一样有另外一个系列。镧系元素的化学性质都非常相似,所以通常排成一列,放在周期表的下面。

La	Ce	Pr	Nd	Pm	Sm	Eu	Gd	Tb	Dy	Ho	Er	Tm	Yb	Lu
Ac	Th	Pa	U	Np	Pu	95	96	97	98	99	100	101	102	103

假如是这样,那么比铀重的元素应该全部排在周期表上铀的后面才对。所以在修改后的周期表上,最重的元素群被视为第二种"稀土类"元素集中在一起。那些重元素群——后来被叫作"锕系元素"——被排成跟已知的镧系各元素相对应的形式。

锕系元素前面几个元素的化学性质跟镧系元素相对应的元素的化学性质非常相似。化学反应时,锕系元素比镧系元素容易失去电子而被氧化。根据这个想法,元素 95 号和 96 号应该具有跟锕相似的性质,同时也应该跟稀土类铕和钆的性质相似。

95—98 号元素的发现

根据这个新的想法重新设计实验,结果 95 号和 96 号元素很快就被发现了——就是说用化学方法确认它们。

为了向美国表示敬意,同时也因 95 号元素相对稀土类元素铕(Europium)的名字取自欧洲(Europe),所以 95 号元素被命名为"镅(Americium)"。为向居里夫妇致敬,96 号元素被命名为"锔(Curium)"。它相对的稀土类元素钆的名字取自芬兰的稀土类化学家加多林。

根据这种想法,汤姆生、吉奥索、斯特里特、西博格等在 1949 和 1950 年陆续发现了 97 号和 98 号这两种新元素,同时还证明了它们也跟相对应的稀土类元素相似。

为了向伯克利致敬,97 号元素叫作"锫(Berkelium)",它的相对稀土类元素铽的名字是取自发现它的地名——瑞典的伊特比。98 号元素跟它的相对稀土类元素镝虽然相似,名字却没有任何关联,只是取研究所所在地的加州和加州大学的名字命名,叫作"锎(Californium)"。发现锎的科学家们说:"如硬要跟镝套上关系,只好这样说吧,镝,dysprosium 是希腊语'难以到达'的意思,一个世纪前正在寻找其他元素的科学家们觉得要到加州相当困难。"

以上的新发现都证明了西博格的想法是正确的。现在所有的超铀元素,包括钍、镤、铀都叫作锕系元素。它们都排在周期表上锕和拟铪的中间。"拟铪"是给尚未发现的104号元素起的临时名字,排在铪的正下方,被认为可能跟铪相似。

锕系元素的原子结构

锕系元素的化学性质都很像锕的这个事实,使我们想起了另一件事。那就是,元素的化学性质由元素原子的核外电子数决定。因此大部分的锕系元素原子的最外电子层上的电子数自然应和锕的一样!

当然每一种元素的核外电子数都不会一样的,但是在锕系元素一个一个地加上电子而成为更重的元素的时候,加上去的电子并不是在最外侧的电子层上,而是加在内侧的叫作5f的电子层上。

锕大概的模型是,原子核周围一共有89个电子整齐地排在几个电子层上。锕后面的14个元素都按顺序增加一个电子。那些增加的电子大体上都在5f层上。例如锕的后面的第7个元素96号元素锔,它比锕多7个电子,都在5f层上。到了第14个元素103号铹时,5f层上就会有14个电子宣告满座,同时锕系列也宣告结束。

照片上是装着锔的氧化物的玻璃瓶,只有铜币大小,这么一点点已经很不得了了。因为钚后面的元素越来越不稳定,合成越加困难,而所能合成出来的量也越小。下面的试管里有少量的锔溶在

装在铜板大的玻璃瓶中的锔的氧化物

含着微量的锔而发光的溶液,装在试管内

液体中。它的放射能非常强,所以单靠它本身的亮度就可以拍照。

对于更重的元素,通常是涂在白金板上再用盖氏计数管检出它的放射能,因为能合成出来的量太少,只能用这种方法。事实上,直到写这本书为止,还没有一种比锎更重的元素所合成出来的量可用肉眼看得见。1958年7月在伯克利首次单独分离出了可以测其重量的锎,大约一亿分之一克。

色层分析法的应用

发现锕系元素很像稀土类元素有助于确认它们。锕系元素,如锔和锫,可以用分离稀土类元素的方法分离出它们。这个方法是离子交换吸收分离法,一般叫作"色层分析法(Chromatograph)"。

名字听起来有一点陌生,但是方法本身非常简单。我们用钴及铬来做实验。做一个装着像树脂那种有机物的圆筒,在圆筒顶部吸收一些两种元素的混合物,再从圆筒上面倒进会溶解那些混合物的溶液,混合物被溶解后会自圆筒流下。

这时,两种元素中重的一种会比轻的一种流得快,所以在圆筒下面分别采集流出来的液体就可以把它们分离。照片所示的是比较轻的铬还在管子上方大约1/3的地方,而重的钴已经在下方快要滴下来的情形。

使用钴和铬所做的圆筒色层分析实验

这种方法也可以用于锕系元素。问题是它们有放射能,量也少得用眼睛几乎看不见。

实际从铬中分离出锎所用的装置,是用玻璃套住的浅黑色树脂圆筒。玻璃套内通蒸汽以提高圆筒的温度,使那些过程进度加快。想要的元素会从圆筒下面一滴一滴落下来。在圆筒下面,用排在旋转盘边的白金板一滴一滴地将溶液接住。

某种元素会掺在刚滴下的数滴里,接下来滴的溶液里是第二种元素。假如圆筒里还有元素的话,还可以接住第三、第四种元素。将那些液体分别集中在一处就可以分离出各种元素。比锔重的元素都是用这种方法作化学确认的。

如果跟镧系元素所做的实验对照,甚至能够预知新元素大概在第几滴的液滴中,因为锕系元素通过离子交换圆筒时所呈现的化学现象跟镧系元素的非常相似。

一方面使用镧系元素中最重的9种(铕到镥)混合物,另一方面使用锕系元素中最重的几种(到锘为止)混合物来做同样的实验。使锕系元素和镧系元素各自通过两个离子交换圆筒,记录各元素通过圆筒的时间。

结果就是下表。依据图表,镧系元素中最先通过圆筒出来的是最重的镥,接下来是镱、铥、铒……

分离超铀元素所用的
色层分析装置

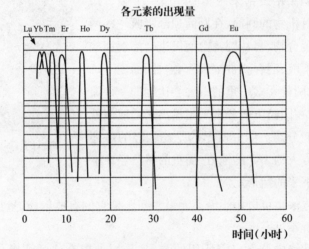

各元素的出现量

时间(小时)

下页的图表所记录的是滴下来的液滴号码。假如混合物中有第102号和103号元素的话,它们一定会先滴下来,图中的曲线表示它们可能占据的位置。在做这项实验的时候,第102号和103号元素还没有被发现,所以最先滴下来的是钔,接着滴下来的是镄、锿……

在任何场合,镧系元素中的某种元素通过圆筒时所需的时间跟锕系元素相对的元素所需的时间完全一致。譬如说,铽出来之后到接下去的钆出来的时间间隔与跟它们相对应的锫跟锔出现的时间间隔一样长。

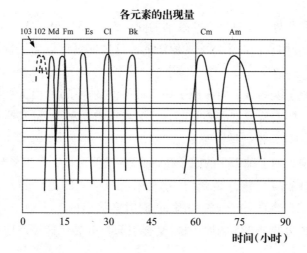

各元素的出现量

溶液的滴数

原子核反应

接下来将锔、锫、锎、钔被合成出来时的核反应写下来,关于那六种元素的故事就结束了。

镅是使钚吸收中子而造出来的。

$$^{239}_{94}Pu \xrightarrow{^1_0n} {}^{240}_{94}Pu \xrightarrow{^1_0n} {}^{241}_{94}Pu \xrightarrow{^1_0n} {}^{241}_{95}Am$$
$$\downarrow ^{0}_{-1}e$$

就是说,钚吸收了两个中子后,再放出一个电子,会变成新元素镅。其他三种元素的合成过程如下。

用氦原子核轰击钚可造出锔:
$$^{239}_{94}Pu + {}^4_2He \longrightarrow {}^{242}_{96}Cm + {}^1_0n$$
用氦原子核轰击镅可造出锫:
$$^{241}_{95}Am + {}^4_2He \longrightarrow {}^{243}_{97}B_k + 2{}^1_0n$$
锔以同样方法可变成锎:
$$^{243}_{96}Cm + {}^4_2He \longrightarrow {}^{245}_{98}Cf + {}^1_0n$$

核分裂连锁反应

发现原子核分裂对近代的核化学和核物理学的发展产生了很大的

影响。

我们只要好好控制钚239及铀的同位素铀233和铀235等的连锁反应,就可以利用它们产生巨大的原子能。这些能量可以用于发电及其他生产领域。

产生原子能的装置叫作原子炉。某一型的原子炉,由天然铀产生的一群核燃料要素构成它的心脏部分。天然铀有两种,一种是会核分裂的铀235,另一种是不会核分裂的铀238。

假如中子撞上铀235的原子核,铀235的原子核会产生核分裂,分裂成两片,这些碎片(核分裂产物)就是带有放射能的更轻的元素的原子核。在铀235的原子核分裂的瞬间,同时会放出两三个中子,那些中子再去撞击旁边的铀235的原子核,又会引起核分裂。连锁反应就是这样产生的。

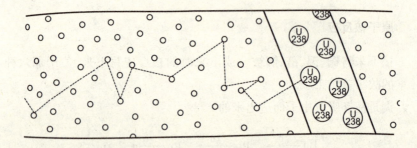

但分裂放出的中子速度太快,不容易被铀235的原子核吸收,反倒会被不会核分裂的铀238吸收,所以必须使它减速,这就需要装上黑铅等"减速剂"。上面的略图说明了一个中子连续跟碳原子撞击而减慢速度后撞上铀235原子核的过程。

中子撞进铀235的原子核使其分裂,同时放出两三个中子,被放出来的中子经过同样的减速过程撞进其他铀235的原子核内再使其产生核分裂,同时释放出更多的中子。

原子能发电

分裂成两片的铀235会在燃料中高速运动。因为摩擦,运动的速度会减慢,像汽车的刹车因为摩擦产生热一样,碎片的运动能量会转化成热量。原子炉就是这样获得热量的。

右面的照片是芝加哥附近的原子能发电厂的模型。用这个模型说明利用铀235的连锁反应获得动力的机器结构。上面有起重机,下面是水泥覆盖着的原子炉,用起重机将棒状的燃料垂直地插入原子炉中。

这个特殊的原子能发电厂只用水作"减速剂"。铀235的核分裂产生的热会使水沸腾产生蒸汽,将蒸汽导入普通的蒸汽涡轮里,使涡轮机带动发电机发电。能量源除原子炉以外,其他的机器都跟普通发电厂完全相同。

芝加哥附近的原子能发电厂模型

某种原子炉会产生很重要的副产物,就是会造出比所使用的燃料还多的其他种燃料。

被控制好的连锁反应在持续期间所放出的中子的一部分会被不会核分裂的铀238吸收,铀238吸收了中子会变换成同位素铀239,铀239会放出电子而衰变,最后变成钚239。

用化学方法将钚239分离出来之后送到其他原子炉当燃料使用。核燃料铀233也可以用同样的方法得到。这时,普通的钍(钍232)吸收一个中子变成钍233,钍233也会放出一个电子,衰变成铀233。

6. 蘑菇云中的新发现

元素第99号和第100号的故事发生在南太平洋。1952年11月在那里发生了骇人听闻的大爆炸。那是第一次氢弹实验,是利用核分裂连锁反应使热核融合发生的。这次爆炸在岛上造成了直径1英里的大洞,出现了直径100英里、高10英里、带着放射能的巨大蘑菇云。

科学家通过电波操纵的无人驾驶飞机飞往云团搜集标本,用来分析产物的成分,以便知道爆炸时发生了什么。他们发现装在氢弹里的有些铀原子竟吸收了 17 个中子！这是极其异常的现象。铀正常的质量数是 238，可是氢弹爆炸后有些铀原子的质量数变成了 255。

那些极重的铀原子陆续放出电子后，逐次变成重铀同位素，其中也有第 99 号和第 100 号元素的同位素。那些一连串的反应可写成：

$$^{238}_{92}U + ^1_0n \longrightarrow ^{239}_{92}U + ^1_0n \longrightarrow ^{240}_{92}U + ^1_0n \longrightarrow \cdots$$

$$^{235}_{92}U \xrightarrow{_{-1}^0e} ^{255}_{93}NP \xrightarrow{_{-1}^0e} ^{255}_{94}Pu \xrightarrow{_{-1}^0e} ^{255}_{95}Am \longrightarrow \cdots \longrightarrow ^{255}_{99}Es \xrightarrow{_{-1}^0e} ^{255}_{100}Fm$$

为了纪念爱因斯坦和费米，第 99 号元素叫作"锿（Einsteinium）"，第 100 号元素叫作"镄（Fermium）"。它们是从氢弹爆炸时所产生的尘埃中发现的。

科学家开始是将无人飞机上的滤纸所吸收的物质用化学方法分离出来。为了收集更多的新元素，他们还要处理从现场收集到的好几吨重的珊瑚。

20 世纪 50 年代大部分的研究跟第 99 号和第 100 号元素的发现一样，都是团体合作的结果。

1952 年 11 月在埃尼威托克岛环礁做的第一次氢弹实验

利用原子炉生产超铀元素

还有别的方法可以制造锿和镄的同位素。其中一种方法是利用原子炉造出照射用的强中子流。把照射的标本放进爱达华州的"材料试验炉"的原子炉中心。下页的照片是那种原子炉的模型。

照射的材料是用铅套住的钚金属的合金，将其做成小圆筒状，便于吸收通过筒内由核分裂反应所产生的热。

在原子炉内，钚的一部分会吸收中子而衰变成镅，镅再吸收中子，衰变成锔，这样反复吸收、蜕变成更重的元素。这些一连串的反应是：

$$^{239}_{94}Pu + ^{1}_{0}n \longrightarrow ^{240}_{94}Pu + ^{1}_{0}n \longrightarrow ^{241}_{94}Pu + ^{1}_{0}n$$

$$\longrightarrow ^{242}_{94}Pu + ^{1}_{0}n \longrightarrow ^{243}_{94}Pu \xrightarrow{^{0}_{-1}e} ^{243}_{95}Am + ^{1}_{0}n$$

$$\longrightarrow ^{244}_{95}Am \xrightarrow{^{0}_{-1}e} ^{244}_{96}Cm + ^{1}_{0}n \longrightarrow ^{245}_{96}Cm$$

$$+ ^{1}_{0}n \longrightarrow \cdots$$

制造重元素的这两种方法的基本差异在于时间的长短。热核融合铀的场合,反应在一百万分之一秒内发生,在钚的小圆筒的场合,钚的原子核需要两年或更长的时间才会充分发生反应,各种同位素正是这样慢慢地由钚造出来的。

除超铀元素以外,还有无数由铀的核分裂所产生的元素被制造出来。这些放射性核分裂产物都是比铀轻的元素的同位素。

爱达华州的材料试验炉模型

用钚做的小圆筒用中子照射,它可制造出各种超铀元素

遥控的洞穴实验室

正因为如此,一个像劳伦斯射线研究所的设计——特殊的新型"洞穴实验室"诞生了。

在实验室里,研究人员站在很厚的射线防御物后面利用遥控的机械手做必要的化学操作。洞穴实验室有三个分开的金属箱子，有两只手指的机械手在箱子里面处理危险物。箱子被 6 英寸厚的铅围着，另外透过 9 英寸厚的高密度铅玻璃窗可以看到里面。

箱子是密封的，各自可以调节气压和温度。箱子里面保持稍低的气压以防箱子破裂时，只会从外面涌入空气，而里面的物质不会流出来。

对熟练的实验技术者来说，机械手相当于他们手指的延伸，非常方便。像移动试管到别的地方，给瓶子盖木栓、倒溶液、操作电灯或夹子，甚至用布拭干撒在箱底的溶液等，他们都能通过操作机械手熟练地完成。

这些装置都是为了分离如锔、锫、锿那种罕见、微量的合成元素而设计的。这些微量物质跟大量的高放射性核分裂物一起，在中子照射过的钚小圆筒里面。

超铀元素的大量生产

1956 年 10 月，化学家们开始着手大量生产较重的合成元素，已预先详细研究、设计好了所需要的一连串的化学操作，而且进行了好几个月以机械手操作小圆筒的模型练习。

十个小圆筒被放进原子炉，用中子不断地照射两年，然后用铅做的容器把它们装好空运到伯克利，将那些容器运入与外界隔绝的洞穴实验室，非常慎重地慢慢移到前面说过的金属箱子的下面，然后把实验室的门关起来，开始从外面遥控操作。第一操作是打开金属箱底部的入口，然后将比同重量的金贵好几千倍的小圆筒从容器中取出，并吊起，放进上面的金属箱。

用机械手将第一个圆筒抓起来放进碱溶液中。小圆筒受了溶液的作用，一部分会溶化。将那些深灰色的液体倒进聚乙烯的蒸馏器中搁在一边，等其他九个小圆筒统统被溶化，然后将十个小圆筒溶化后的深灰色液体放进圆锥形的玻璃容器里，再把它放在离心机里面。离心机以每分钟 1500 转的速度旋转。受离心的作用，成为水氧化物的重元素会集在容器的底部。

小圆筒套盖的铝和钚等在核分裂时产生了许多放射性物质，需要先将超铀元素从那些物质中分离出来。那些核分裂物中包含着地球上大约半数的元素的所有同位素。

用离心器处理后,将圆锥容器上面较轻的液体除掉,再将剩下的较重的液体放入离心器中,除去较轻的部分液体。这样反复几次提高较重元素的比率。尽量除去碍手碍脚的那些核分裂生成物的放射能。

将那些重元素含量很高的沉淀物移到第二个金属箱。各金属箱由一种空气闸门相连。第二个金属箱用圆筒色层分析法分离元素。关于圆筒色层分析法,前面已经介绍过。将那些溶液倒进装着有机物的圆筒内,重的元素还留在圆筒内时,溶液里面还没有被除去的核分裂物就会很快地先通过圆筒流出来。

将最后的标本接在白金制的计数板上,弄干后用鼓动分析器检验。鼓动分析器是以各自的能量辨别从各种放射性元素放出来的放射线的装置。这样可以确认标本中元素的种类。鼓动分析器连接在大嵌板上的计量表或其他记录装置,每一个计量表都会记录各种元素的原子核衰变。

第 99 号元素锿就是由 1956 年 10 月的那种小圆筒大量造出来。不过早在一年以前,用小规模的同样方法造过锿。为了造 101 号元素,将那些锿放进 60 英寸的回旋加速器,用氢离子撞击它们。

为了发现 101 号元素"钔",科学家们需要先去练长跑。钔的半衰期只有 30 分钟,所以他们在实验室中处处要跑步,不然就来不及了。1955 年年初,吉奥索、哈维、汤姆生、西博格等人在伯克利发现了钔,并确认了它。

吉奥索和哈维

我们请吉奥索、哈维、汤姆生等人来说明一下发现经过和造出新元素所使用的技巧吧。

追逐十七个原子

新元素钔是用氦的原子核撞击 99 号元素锿造出来的。核反应很简单:

$$^{253}_{99}\text{Es} + ^{4}_{2}\text{He} \longrightarrow ^{256}_{101}\text{Md} + ^{1}_{0}\text{n}$$

只要在回旋加速器内被加速的氦原子核打中靶心就行了。靶心是很薄的圆形金箔，背面有电镀的锿，非常薄的一层，只有数亿个原子程度的厚度。

假如有些锿原子被氦原子核撞击后变换成钔的话，钔会被氦原子核撞出靶心的金箔外，在第一个靶心后面再放一个靶心挡住那些飞出去的钔原子。

第一个和第二个靶心都固定在同一个架台上，放在回旋加速器内会被阿尔法粒子撞中的地方。我们用加州大学伯克利分校的60英寸回旋加速器以氦原子核照射。

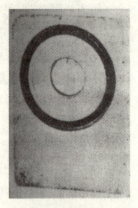

镀了锿的金箔靶心

氦原子核一边画螺旋形轨道一边被加速。保持它们作旋转运动的磁铁磁性非常强，例如，把螺丝刀放在磁极中间，刀会直立不动，或者较重的铁片会悬在空中。

从60英寸回旋加速器飞出来的强力氦原子核流。水平向左的青白色光

充分加速的氦原子核飞出回旋加速器的时候，可以看到浅蓝色的光。照片是透过5英尺厚的水槽（回旋加速器的窗门）拍摄的。就是用那些氦原子流去撞击靶心。假如顺利，就会撞进靶心上锿的原子核，锿原子内的99个质子再加上2个质子变成101个质子的钔原子。

在实验现场——为了要录像，我们重新做了一次实验——用阿尔法粒子撞击靶心的时候，将回旋加速器室整个关闭。哈维和吉奥索在装满水的门外，就是可以推动轮子的大水槽外面等着。

我们就像在等着前所未闻的障碍赛的号令一样。根据推想，这一次的实验可以造出一个或两个第101号元素。而我们则要在短短30分钟内从几十亿个锿原子中找出那一两个第101号元素的原子。

信号一响,哈维和吉奥索马上推开装满水的门,跑进回旋加速器室内。哈维以最快的速度将那个架台拿出来交给吉奥索,吉奥索把第二个金箔装进试管跑过走廊,跳上楼梯,冲进临时实验室将试管交给肖邦,肖邦马上把它放进溶液加热,将金箔熔化。这样得到了合金以及其他几种元素和我们所期待的钔元素的液体。剩下必须的化学处理需要在离此1英里的射线研究所做,所以哈维在外面把引擎发动好,在车上等着。

既然得到了罕见且微小的第101号元素——希望真的得到了,那么我们就需要在它衰变之前把它分离出来。钔的寿命非常短,差不多30分钟后它的一半就会衰变成为锿。锿也会快速自动地发生核分裂而再次衰变。

载着贵重溶液的车子全速开往山上的实验室。哈维和肖邦拿着那些溶液跑进实验室,汤姆生在里面已经将分离钔所需的装置统统准备好了,在等候他们。

将溶液倒进第一个色层分析圆筒内先除去金。金会停在圆筒内,其他的元素都跟着溶液从圆筒下面流出来。把那些溶液弄干后重新熔化,再倒进第二个色层分析圆筒分离101号元素。将从圆筒下面滴出来的溶液一滴一滴分别接在白金板上。加热弄干后将白金板一个一个放进特别设计的计数管内。假如所有的液滴当中有一滴含有钔原子的话,在它衰变之前一定能检验出来。假如新元素的一个原子衰变而成为锿原子的话,锿会很快地发生核分裂,带着高能量的核分裂碎片引起爆炸性的电离,电离所产生的电流会使记录表上的笔尖剧烈跳动,画出和普通的衰变不同的线条。

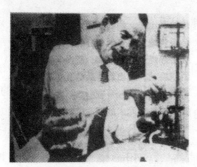
把溶液倒进色层分析装置的汤姆生

将白色板上的溶液弄干

这种难以捉摸的重元素有个不合逻辑的特征,就是只有当它变成其他元素的那一瞬间才能得到有关它存在的证据。这种现象就像只在付钱的时候才会算钱的人一样,当他付钱的时候他才知道他有那些钱,可是当他知道的时候,钱已经用掉了。

第一次实验时,我们等了一个小时以上,笔尖才在记录纸中间跳动了一下。这一条线就是第一个钔原子衰变的证据。

这项实验在射线研究所算是一件大事,起初我们把计数管连接在大厅的火灾警报器上,每一个101号元素的原子衰变时就会使警报大响一下,好让大家知道在原子核内发生了大事。可是这种措施很快遭到了消防队的干预,所以不得不换个轻一点的信号报警器。

开始时,每一次实验,我们只能得到一个钔的原子。我们一共做了12次同样的实验,总共获得17个钔原子。

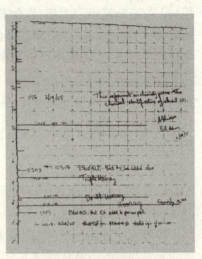

初次将钔的衰变记录下来的记录纸

右侧的照片是实验用的记录纸,记录了第一个钔原子被确认时的衰变情形。

第102号和第103号元素

1951年斯德哥尔摩的诺贝尔物理学研究所发表说发现了第102号元素,并命名为"锘(Nobelium)"。可是为了证明它所做的几次实验都失败了。到了1958年4月,伯克利的劳伦斯射线研究所才造出了它,并确认了它。它是用碳离子(6个质子)撞击锔原子(96个质子)造出来的。用这种方法造出来的第102号元素的同位素的质量数是254,半衰期只有3秒钟。

那次的碳离子是用伯克利的新型加速器Hilac加速的。Hilac是取"重离子线型加速装置heavy ion linear accelerator"的头一个字母。线型加速装置跟粒子旋转而加速的回旋加速器或质子加速器不同,是使粒子直飞而加速的装置。

第 103 号元素在 1961 年由吉奥索等人在劳伦斯射线研究所发现。也是用 Hilac 使硼的离子(5 个质子)撞击锎(98 个质子)得到的。

伯克利的重离子线型加速装置(Hilac)

第 103 号元素"铹(Lawrencium)"是取自欧内斯特·劳伦斯的名字。

尚未发现的元素

到了第 103 号元素,稀土类元素的锕系已告完整。

当然原子核化学家们今后仍会继续努力去发现第 104 号元素。假使发现它,就有可能证明它的化学性质跟铪相似。

第 104 号元素,应该在锕系的后面,就是说应该与铪、锆、钛等排在同一列内,属于同一族。同样,第 105 号元素的化学性质应该跟钽、铌、钒相似,是更重的元素,一直到第 118 号元素,可能都依这种顺序排在同一行。

当然,实际上不太可能造出这么多元素,因为元素越重,就越不稳定。但像第 104 号和第 105 号这样的元素或许有可能造出来。这些元素的半衰期可能还容许化学家们有时间去确认它们的存在。假如用非常复杂的方法,也有可能造出比第 104 号和第 105 号元素更重的少数元素。

用什么方法可以造出那些重的元素呢?

跟合成第 102 号和第 103 号元素时的方法一样,就是用重离子去撞击。用我们所熟悉的重离子代替只有 2 个质子的氦原子核,譬如可以用氮原子核。氮原子核有 7 个质子,所以假如锔的 96 个质子再加上氮的 7 个质子就会成为 103 个质子的第 103 号元素。或是用氖的原子核。用氖的原子核去撞击钚,钚的 94 个质子加上氖的 10 个质子成为 104 个质子的第 104 号元素。例如第一次造出第 102 号元素时用的就是锔的 96 个质子加上碳的 6 个质子的方法。

H																	He
Li	Be											B	C	N	O	F	Ne
Na	Mg											Al	Si	P	S	Cl	Ar
K	Ca	Sc	Ti	V	Cr	Mn	Fe	Co	Ni	Cu	Zn	Ga	Ge	As	Se	Br	Kr
Rb	Sr	Y	Zr	Nb	Mo	Tc	Ru	Rh	Pd	Ag	Cd	In	Sn	Sb	Te	I	Xe
Cs	Ba	LaLu	Hf	Ta	W	Re	Os	Ir	Pt	Au	Hg	Tl	Pb	Bi	Po	At	Rn
Fr	Ra	AcLr	(104)	(105)	(106)	(107)	(108)	(109)	(110)	(111)	(112)	(113)	(114)	(115)	(116)	(117)	(118)

Lonthorides	La	Ce	Pr	Nd	Pm	Sm	Eu	Gd	Tb	Dy	Ho	Er	Tm	Yb	Lu
Actinides	Ac	Th	Pa	U	Np	Pu	Am	Cm	Bk	Cf	Es	Fm	Md	No	Lr

有几处研究所都在建造加速那些重离子用的加速器。伯克利的Hilac可以把氪离子或更重的粒子加速使它去撞击靶心。这个加速器只不过是许多加速器中的一个而已。

"Hilac"的内部，和站在里面的人比比看吧。

上面的照片是 Hilac 的内部，由此看得出，这种加速装置需要巨大的真空空间（里面都要保持高度的真空）。粒子在那样的真空中飞驰而被加速。

科学家们一直期望着使用这种加速装置造出更重的元素，同时也可以增加我们对原子及原子核本质的认识。

四、我们的行星——地球

现在我们人类已经学会了使用元素成就种种事业。可是跟我们的行星——地球特异的元素排列比较,真是小巫见大巫。

譬如,某种元素非常丰富而某种元素却非常稀少,元素的混合和化合的方式很特殊,大气中的元素不会跑到太空去等种种事实。这些偶然的自然条件使我们的行星成为全宇宙中罕见的能够产生生命,并使它们进化、生存的一颗行星。

照片中所看到的墨西哥上空的云,广阔的太平洋,得克萨斯的岩石山丘等,都可能是宇宙中唯一的。

例如氧,只占着宇宙中所有物质的几百分之一,可是在地球上,它却占着云及海水重量的 89%,还占着地壳重量的 46%。整个地球是由元素构成的,因为元素是构成所有物质的基础。地球上好几百万种化学物质都是由元素构成的。

从太空船上拍的地球的一部分

只要研究地球,我们就会知道元素在自然界中有什么样的作用,哪些元素多,哪些元素少,如何分配的,如何维持生命的,等等。

地球的内部构造

我们通过研究从地球内部传来的地震波获得了很多关于地球内部的资料。我们知道地球分为三大部分:最外层的是厚度大约 20 英里或薄一点的地壳;地壳下面是由玄武岩质的岩浆构成的中间层(Mantle),

直到地球半径的一半;中心部分叫作"核(Core)"。

因为没有直接证据,有关中心核的性质只好用推测的方法获得。从地球所影响到其他行星的引力效果,我们可以测算出地球的重量,由此也可以算出中心核的重量。由地震波推断,中心核呈液态,但是中心核的深处,中心部分好像是固体。种种事实使我们知道了中心核是由金属陨石(陨铁)构成的,跟我们的假说:中心核是镍和铁的想法符合。

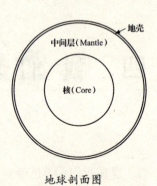

地球剖面图

中间层好像是由硅、氧和少量的铁构成的。它的成分显然跟从外面空间飞来的石质陨石很相似。

对我们来说,地球最外层的地壳、岩石圈及包围着它的海和大气,比地球内部更为重要。我们生活在这层薄薄的外壳上面。人类虽然可以想尽办法登上地壳的最高处珠穆朗玛峰,却无法到达海中 10000 米以下的地方,地下也只能挖 8000 米深的小孔而已。凭借发达的火箭技术,人类终于能够脱离地球引力的束缚了,可是到目前为止只不过是来回于离地球平均 36 万千米远的月球而已。

构成地壳的元素

我们所居住的环境是像苹果皮一样薄的部分,它是大气层、海和陆地的表面。人们有时候把它称作地球的生物圈。产生地球上的种种生物,并使它们生存下去的是地壳内元素的特殊配合。

什么元素最多?生命必需的元素是什么?它们是如何分布的?让我们一起看下面的表吧!

元素在地壳中的分布:

氧 Oxygen	46.60%
铝 Aluminium	8.13%
钙 Calcium	3.63%
钾 Potassium	2.59%
硅 Silicon	27.72%
铁 Iron	5.00%

钠 Sodium	2.83%
镁 Magnesium	2.09%
钛 Titanium	0.44%
锰 Manganese	0.10%
硫 Sulfur	0.052%
氯 Chlorine	0.0314%
锶 Strontium	0.03%
锆 Zirconium	0.022%
钒 Vanadium	0.015%
镍 Nickel	0.008%
钨 Tungsten	0.0069%
氮 Nitrogen	0.00463%
锡 Tin	0.004%
铌 Niobium	0.0024%
磷 Phosphorus	0.118%
氟 Flourine	0.06%~0.09%
碳 Carbon	0.032%
铷 Rubidium	0.031%
钡 Barium	0.025%
铬 Chromium	0.02%
锌 Zinc	0.0132%
铜 Copper	0.007%
锂 Lithium	0.0065%
铈 Cerium	0.00461%
钇 Yttrium	0.0028%
钕 Neodymium	0.00239%
钴 Cobalt	0.0023%
铅 Lead	0.0016%
钍 Thorium	0.00115%
镧 Lanthanum	0.00183%
镓 Gallium	0.0015%

一千分之一以下的元素：

钼 Molybdenum　　硼 Boron
铯 Cesium　　　　镱 Ytterbium
钆 Gadolinium　　钽 Tantalum
镨 Praseodymium　钬 Holmium
钪 Scandium　　　锑 Antimony
镝 Dysprosium　　铒 Erbium
铊 Thallium　　　溴 Bromine
锗 Germanium　　铕 Europium
钐 Samarium　　　铍 Beryllium
砷 Arsenic　　　　铪 Hafnium
铀 Uranium

一万分之一以下的元素：

铽 Terbium　　　　镥 Lutetium
汞(水银) Mercury　碘 Iodine
铥 Thulium　　　　铋 Bismuth
镉 Cadmium　　　银 Silver
铟 Indium

十万分之一以下的元素：

硒 Selenium　　　氩 Argon
钯 Palladium

一百万分之一以下的元素：

铂 Platinum　　　金 Gold
氦 Helium　　　　碲 Tellurium
铑 Rhodium　　　铼 Rhenium
铱 Iridium

一亿分之一以下的元素：

氖 Neon　　　　　　　　氪 Krypton

氙 Xenon　　　　　　　　钌 Ruthenium（含量不详）

锇 Osmium（含量不详）　氢 Hydrogen（分析岩石的结果不太一样）

十亿分之一以下的元素：

镭 Radium　　　　　　　镤 Protactinium

锕 Actinium　　　　　　钋 Polonium

氡 Radon

镎 Neptunium（微量，掺杂在铀矿石内，受中子的作用而产生）

砹 Astatine　　　　　　钷 Promethium（微量，由衰变而产生）

镅 Americium　　　　　锔 Curium

锫 Berkelium　　　　　　锎 Californium

锿 Einsteinium　　　　　镄 Fermium

钔 Mendelevium　　　　　锘 Nobelium

铹 Lawrencium

上面最后六种元素在自然界是不存在的。

氧和硅两种元素占着全部地壳四分之三的事实令我们非常意外。假如再加上掺杂在固体地壳里面的水和空气，氧、氢、氮的比率很可能会再上升，但是如果加上生物体的物质和海中的矿物，比率可能不会有什么变动，因为那些物质原本都是地壳中的物质。

知道了各元素的比率，我们得出一个结论：氧是构成适合人类生存环境的主要成分，也是生物体不可或缺的元素。液态水（氢氧化合物）也是不能没有的，还有其他无数的固体含氧化合物。

跟氧相比，砹就少之又少了，地壳中的砹全部聚集在一起，也不会超过1克。

1. 空气

如果要按顺序看地球上90多种天然元素的话，那么，最好的方法是从外层空间逐渐接近地球去看。事实上，外层空间几乎什么都没有。

在距离地球数千千米的地方,可能会遇到少数迷路的原子,可能是氧或氮。我们不知道大气层究竟有多厚。大气层从地表向上开始逐渐稀薄而最后成为真空,没有明显的界线。

距离地面100千米的地方算是到了大气层,可是那里的空气密度(气压)大约只有海面上的百分之一。在那里有氧和氮的分子,也有它们个别的原子。

那些分子或原子都有重量,受到地球引力的作用,迟早会落下来。假如那些分子或原子不在运动中互相撞击的话,空气就会全部落在地面上。

大气层的全部质量大约有50兆亿吨,平均分配给地球上的人类的话,每一个人有150万吨。它的一半分布在地面上6000米的范围内。大气密密地包围着地球,过滤着来自太阳的射线,到了晚上又会像棉被似的保持着地球的温度,防止它"感冒"。

空气是许多气体的混合物。干燥的空气里约有78%的氮气,21%的氧气,不足1%的稀有气体氩,0.07%的二氧化碳及非常少的稀有气体氖、氦、氪、氙等。

大气中也含有水蒸气,可是由于种种条件的影响,水蒸气的含量变动很大。

氧的重要性

空气所有的成分中最重要的是氧气。如果没有氧气,我们就无法呼吸,也无法生火。

空气中的氧气是在植物进行光合作用时释放出来的。绿色植物能够利用光能进行光合作用将二氧化碳和水转换成氧气和碳水化合物(糖、淀粉、植物纤维等)。

氧在光合作用的任何过程中都有,气体的二氧化碳、液体的水、固体的碳水化合物里面都有氧。氧约占水重量的89%,又是空气的主要成分之一,可见水和空气也有非常密切的联系。

2. 海

地球上约有一半的天然元素都可以在覆盖地球表面7/10的海洋中

找到。大部分的矿物质是由全世界各地的河川以每年好几十亿吨的数量带进海洋中的。

1立方米海水(大约1026千克)中的各种元素大约以下面的比率溶在其中。

金、铜、钒、碘等大约40种元素,13克。

锶,13克。

溴,65克。

碳酸氢钠(钠、氢、碳、氧),100克。

硫化钾,900克。

硫化钙,1200克。

氯化镁,5500克(其中有大约1100克的镁)。

氯化钠(食盐),27000克。

因为有这么多物质溶在海水中,大海才能养活大约8000种植物和20万种动物!

海洋所生产的东西

海洋不但每年供给我们大约3000万吨的鱼类,同时还供给我们碘、溴、镁等元素。当然盐也是重要的产物之一,我们将海水引进浅湾内(盐田),靠阳光使海水蒸发而获得盐。

古代的希腊人、罗马人、埃及人都知道这种方法,尤其在中国,早在公元前2200年就开始利用海水制盐了。而从海水中提炼镁是近年才开始的新兴产业。美国现在生产的所有金属镁都是从海水中提炼出来的。

每千克的海水中大约有1毫克多的镁。先将海水放进大水槽,再加入用贝壳烧成的生石灰就可以造出白色乳状的镁(这种镁可以直接用作止泻药剂)。将这些白色乳状的镁与氯化合后,再以电解的方式便可得到金属镁。镁属于轻金属,主要用于制造各种轻合金,广泛用于飞机等航天工业。

海水中还有其他各种丰富的元素。不久的将来它们也会被开采利用。实际上海水中含有一定数量的黄金,是一座真正的金矿。不过从海水中提炼黄金所需的费用可能比提炼出来的黄金本身的价值还要高得多。

海水中大部分的元素——如虾或蟹壳里面的磷和硅,虾血液中的铜等——对海洋生物是绝对必要的。假如这些重要的元素缺少了一两种,渔业就无法存在了,世界上的许多地方就要发生饥荒了。

3. 地壳

我们所站立的坚固大地——岩石和土——里面大约有90种元素。遍地的普通岩石都是由氧和其他元素结合而成。

岩石的组成

氧化物中分布最广的是氧化硅(SiO_2)。它以砂、砂岩、石英、燧石、玛瑙、琥珀等形态遍布于整个地表。除了石灰石和白云石外,其他的岩石中,都是氧化硅和铝、铁、钙、钠、钾、镁及其他元素的氧化物结合而成的。

不含硅的矿物中最多的是碳酸钙($CaCO_3$),如自然界中的贝壳、珊瑚、大理石、石灰石等。

光合作用和元素的循环

河流源源不断地将许多元素冲进海洋里。河流的水是海水蒸发上升到大气中,成为雨或雪降落到大地上而形成的。同样,氧、二氧化碳和氮也在不断地循环着。

这个循环最关键的就是植物光合作用的过程。绿色植物利用光能进行光合作用,把二氧化碳和水转化成氧气和碳水化合物。这些碳水化合物在植物的体内不断地积累,使植物生长,从而供给我们食物、木材等。光合作用中产生的氧气会不断地补充空气中因动植物呼吸、燃烧等消耗掉的氧气,使空气中的氧气含量保持相对平衡。

植物的生长还需要其他的元素。植物从土、水中吸收磷、钙、铁、碘等它们所需的元素。尤其是氮,对植物的成长非常重要。

大气中虽然有数十亿吨的氮,但是它的化学性质非常不活泼,所以很少有生物能直接利用它。

但苜蓿及豆类等豆科植物则例外。有些叫作根粒微生物的细菌能在豆科植物的根部寄生成一种瘤,将它们所需的氮固定——变换成能用的化合物——同时也会帮助其他植物从土中吸收氮。

动物以植物为食,会排泄出氮的化合物。那些排泄物会使土壤肥沃,同时分解了的自由氮会再回到大气中去。

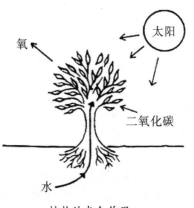

植物的光合作用

构成生物体的物质里面有许多种元素。虽然非常少,可是都非常重要。我们把同种类的植物种在有磷的土壤和无磷的土壤里进行比较,前者的生长将比后者快得多。

人类血液中需要少量的铁元素,同样虾和其他低等海水生物的血液中需要有铜,褐藻类需要碘和钾,海参需要钒,其他一些生物则需要锌、硫、砷等元素才能生存。

人体和元素

人的身体究竟是由什么构成的呢?大部分是氧、碳和氢等,而它们有60%以上是以水的形态存在。

以体重50千克的人为例,氧有32.5千克,碳9千克,氢5千克,氮1.5千克,钙1千克,磷0.5千克。其他各元素加起来大约有220克,它们分别是钾85克,硫57克,钠34克,氯34克,镁10克,铁1克,另外有一点点碘、氟和硅。

铁含在血液中的血红蛋白里面,对呼吸有非常重要的作用。碘对甲状腺的机能则是必要的。

有些元素非常少,可是非常重要

回顾一下各种元素在地球上所担任的角色,会发现氧是最重要的。无论在人体内、地壳或海水中,氧是数量最多的元素。氧在大气中也最重要,它在人体内以好几百种化合物的形态支撑并维持着我们的生命。

氢以下最丰富的 7 种元素构成了地壳中大部分的岩石和海水中大部分的盐。其他 84 种元素的总和也抵不过地球表皮重量的 1.5%。可在它们当中，不能说元素多的就重要。例如我们不太熟悉的元素铷，有铜的四倍多，有碘的一千倍之多，可是跟我们的日常生活几乎没有关系。相反，氖、镭、钚等跟我们的生活有关系的元素，在前面的元素分布表上，几乎都排在最后面。

因为物以稀为贵，金才有那么大的价值。可是比金还少的元素，纵使不把合成元素算进去也有 20 种。钛是排在第九多量的元素，可是直到最近我们才发现它的利用价值。现在用于半导体的锗也是一样。同时大部分的稀土类元素都可以这么说。

铌是比铅还多的元素，可是一直被认为毫无用处，直到最近才发现它的耐热性很强，可用作飞机工业的材料。

目前还没有什么用途的其他元素中，有些很可能在将来被发现其利用价值，说不定在冶金、医学、农业、火箭技术、原子炉、热核动力、太阳能源等方面成为重要元素。

地球上的元素分布很特殊

至此，关于地球上元素的展望先告一段落。

我们把眼光放远一点去看整个宇宙，就会发现地球上由多至少的元素分配顺序和宇宙中的分配顺序完全不同。在这方面地球是很特殊的，请看右面的图表。

在地球上，氢和氦只不过是占着地壳1%的84种元素中的两种而已，可对宇宙而言，它们却占了99%。

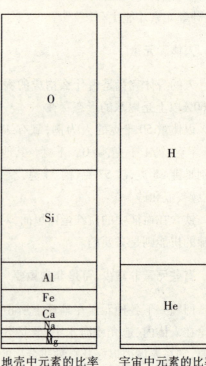

地壳中元素的比率　　宇宙中元素的比率

五、宇宙

宇宙中的元素一部分集中在高温而孤独的恒星里。在恒星和恒星之间，几乎是绝对真空的广阔空间里，分散着比太阳重1000亿倍以上的物质。

天文学的发展

星星的研究在科学领域是最早开始的。巴比伦人在公元前4000年时已开始系统地观测星星。公元前500年，希腊的毕达哥拉斯已猜想到地球是浮在空间的一个球体。公元前265年左右，亚里斯塔克斯提出了行星围绕太阳公转的所谓太阳系的概念。可是一直没有人相信亚里斯塔克斯的理论。直到大约1750年后，哥白尼才确确实实地证实了诸行星以太阳为中心在旋转，并说明了行星的轨道。而那时，人们还认为地球是宇宙的中心。

近代天文学是从1608年望远镜在荷兰诞生、伽利略将其改良并利用的时候开始的。伽利略用他的望远镜第一个看到了木星的卫星及太阳黑子。

伽利略的曲折望远镜利用了透镜的曲折原理。牛顿认为那种

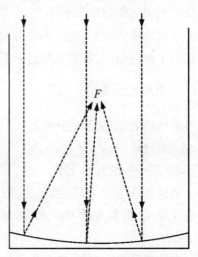

反射望远镜的原理。由恒星来的平行光线经抛物面镜的反射聚集在焦点F

望远镜的性能不够理想从而发明了反射望远镜。现在的望远镜,从业余天文爱好者所用的小型垂直径 200 英寸的望远镜到天文台的大望远镜,都是反射望远镜。

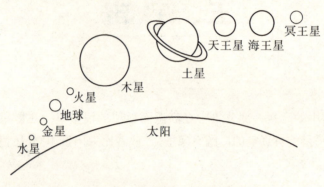

太阳及九大行星的大小比较

从恒星来的平行光线经抛物面镜的反射,聚集于焦点。我们可在焦点处直接观察,也可以放上底片拍照,还可以放上平镜把焦点上的像反射到望远镜的侧面观察。

经过长期的观察,我们不但对太阳系有了详细的了解,而且对宇宙也知道了不少。

太阳系的构成

上图所表示的是太阳和九大行星——水星、金星、地球、火星、木星、土星、天王星、海王星、冥王星——的大小比率。

假定地球是一个点,那么,太阳的直径大约有 9 厘米,离地球约 400 米,离最近的恒星约 2400 千米。

右图表示各行星距离太阳的比率。点线是火星和木星中间的小行星群。现在已发现的小行星有 1300 个以上。那些小行星可能是一个行星爆炸后的碎片,其中最大的直径有

各行星的轨道比较

780千米。

最外侧的冥王星距太阳的距离是它的平均距离,它的轨道是个狭长的椭圆形,最接近太阳时它的轨道在海王星轨道的内侧。

各行星绕太阳公转一圈的时间随着它距太阳距离的增加而变长。例如,水星只要88天,而冥王星就要248年才能绕太阳一圈。

宇宙的形态

太阳系属于一个更大的星系,叫作"银河系"。太阳是银河系中1000亿颗恒星中的一个,处在离银河系中心大约3万光年的地方。银河系的形态很像凸透镜,中心厚,半径为5万光年(1光年是光以每秒30万千米的速度行走1年的距离,大约94605亿千米)。

我们平常在夜晚看到的天空,就是银河系的密集部分在天球(为研究天体位置和运动,天文学上假想天体在以观测者为球心,以适当长度为半径的球面上,这个球面叫作天球)上的投影。

仙女座的纺锤状星云(NGC891)　　　　狮子座的旋涡星云(NGC2903)

银河系的外头还有许多星云。看那些星云的照片,我们就知道,假如从远处看,我们的银河也是那样,从侧面看,像仙女座的纺锤状,从正面看,像狮子座的旋涡状。

每一个星云里面都有几千亿颗恒星,恒星和恒星之间都是广大而虚无的空间。其实在那些看似空无一物的空间里也有物质,只不过只能达到1升内只有二三十个原子的程度,与地球海面附近的1升空气内有以54后面跟21个零计数的原子数相比较,我们就能想象那些空间是多么虚无。可是,要是把那些空间中少得可怜的物质全部加起来,却也大约有1000亿个太阳的重量。

我们的银河跟附近的星云一起,构成一个叫作局部星云群的小集团,我们所熟悉的仙女座星云也是这个局部星云群的一份子。

据估计,今天宇宙中大约有100万个星云,大部分是由数百个至数千个星云集在一起构成的星云集团。照片中的就是大约离我们有2亿光年远的头发座星云集团。

头发座的星云团

1. 宇宙中的物质交换

我们对太阳、恒星及散在宇宙间的气体和尘埃的化学成分有特别浓厚的兴趣。我们无法取得分析用的标本,所以只好用间接的手段去研究宇宙中的元素。我们把分光器和照相机连接在一起,再把它接在望远镜上作研究的工具。

像前面说过的分光器那样,将从恒星来的光分解得到光谱,加以研究,便可知道那些光是从哪种元素发出来的,从而也可了解那些恒星或星云里面元素的种类。

探索宇宙中的元素

分光器可以将太阳内钠的光谱跟实验室内钠的光谱一样正确地记录下来。

宇宙空间中的气体和尘埃不但不会发光,反而还会遮挡住从远方来的光,以更远方的恒星群为背景成为黑暗的影子浮现出来。有的会反射附近恒星的光而发光。那些发光的气体状星云的光谱有两种:一种是直接反射恒星的光形成的光谱;另一种是吸收了恒星的光后放出来的光形成的光谱,这种光谱中含有那些气体的谱线。

地球的大气也有同样的作用,所以也可以利用光谱研究大气最外层的元素种类。大气会吸收从外面来的大部分的光,被吸收的光不会到达地表,尤其是紫外线,这种现象特别显著,所以,我们接到的从外面空间来的光的光谱不一定很完整。大气的影响非常复杂,如果只根据光谱来解释是相当困难的。

照片上是太阳光谱的一部分,从左端 3940 埃(1 埃是一亿分之一厘米长)波长到右端 4130 埃波长。照片的中央,就是我们的眼睛可见的界限,右边一半是我们看得见的紫色波长,左边一半是看不见的紫外线的开端。普通底片同样也可以把那些部分拍下来。

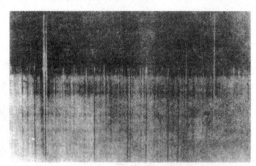

太阳光谱中紫色部分的照片,含氦的光谱线

这张光谱是把望远镜对准太阳的边缘拍摄的,以黑暗的太空为背景,有几条亮线浮现着。太阳边缘凸出去的几条亮线是围绕着太阳的高温、旋转的气体所放出来的。最明显的亮线是钙(3968 埃)、氢(3970 埃)、氦(4026 埃)、铁(4045 埃)等的原子所发出的光谱。氢的第二条谱线在 4101 埃的地方。

由于太阳光谱中有氦的谱线,所以,在发现氦的 27 年前,就已经发现太阳里面存在着氦了。

在照片上可以看出吸收及放出的两种线。照片下半部是太阳表面诸元素发出的亮线及暗淡的吸收线。暗线是围绕着太阳的东西——存在于太阳和我们的望远镜中间的物质——比较低温的元素所发出来的。那些低温的元素会从太阳光中选择它们特有的波长部分吸收,被吸收的部分就成为暗线。

太阳系的诞生

分析从太阳和恒星来的光谱等,我们发现宇宙中的元素分布跟地球上的元素分布不大相同。

宇宙中最多的元素，不是氧，而是氢，它是所有元素中最轻、最简单的。太阳和恒星的75%是氢，24%是氦，1%是其他元素。除了氢和氦，其他元素可能跟地球上的一样，以类似的比率分布着，关于这一点目前还不太清楚。

科学家们认为我们的太阳系是由旋转着的气体云块凝缩而成的，那些气体云块的回转运动被保存下来成为行星的公转及太阳本身的自转运动。

那些气体云块所有物质的大约90%凝缩成了太阳，剩下的10%被遗弃在了空间，被遗弃物质的99%是氢和氦，大部分后来都脱离了原始太阳系而飞到外部的宇宙空间去了，也就是说，最初的物质只有大约一千分之一留了下来构成了诸行星。

宇宙及地球的年龄

当然，在这里会产生疑问，宇宙和构成宇宙的元素到底有多古老？

研究这个问题，最可靠的资料是我们地球的年龄。直接测量地球的年龄比较容易，我们可以依赖非常规则的衰变的天然铀。

铀衰变时，会放出阿尔法粒子（氦的原子核）而变成钍，钍会放出一个电子而变成镤，镤会再衰变……逐次变成较轻元素的同位素，最后变成为铅而安定下来。那些衰变的全过程就是下面的14个阶段：

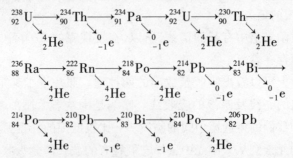

我们知道铀衰变的速度，就是一定量的铀经过45亿年（半衰期）之后，一半会变成铅。测量一下含放射性铀的矿石里铀的衰变产生的铅的含量，比较铀和铅的含量比例就可以测算出那块矿石自诞生到现在有多久了，将这些资料集中在一起就可以推测出地球的年龄。

用这个方法推测地球年龄大约有46亿年。宇宙的年龄大概比地球大一点，可能是55亿到60亿年。

元素是怎样诞生的

宇宙是怎样诞生的比宇宙是什么时候诞生的更难寻找答案。1920年发现宇宙向着所有方向膨胀，因此星云正如画在膨胀着的气球表面的点那样，正在互相远离。科罗拉多大学的伽莫夫教授认为宇宙诞生时只有放射性中子，而那些中子以超乎想象的超高密度凝集在一起。中子大约在10分钟的半衰期中放出一个电子而衰变，获得一个单位的正电荷

奥托·斯特鲁维

而变成质子，这个质子就是氢的原子核，它会抓住中子，被抓到的中子在核中衰变成质子，这样两个质子聚在一起形成氦的原子核。这种现象反反复复，逐渐变成原子序数更大的元素的原子核。

我们请普尔科沃天文台台长斯特鲁维博士来说明跟伽莫夫博士不同的元素诞生理论吧。斯特鲁维博士是伯克利加州大学天文学系的前任主任，国际天文联合会会长，1944年荣获伦敦皇家天文学会的金奖，一直致力于研究宇宙的化学组成。

2. 宇宙的诞生

下页照片上的是猎户星座著名的"马头"星云。这个天体大部分是由尘埃及少数低温氢气构成。"马头"的后面是高温的氢气云，能发出光亮，更明显地衬托出"马头"的影像。在银河中有不少黑暗的裂痕或暗淡模糊的云遮盖着银河恒星的一部分，它们都是跟"马头"星云同样的东西。

再来看看一角兽座玫瑰星云的照片。照片中的那些黑点是氢的气体块，是将要诞生的恒星的"蛋"。

猎户星座的马头星座
（黑暗的部分像马头）

一角兽座玫瑰星云的一部分
（小黑点是将要诞生的恒星）

下图左边的一对照片是恒星诞生的实况。上面是 1947 年拍到的三个恒星群，下面是大约八年后拍摄的照片。左边及下面的两个开始成为双子星。这两颗新的恒星是在八年中由氢气聚集而成的。

另外一张是宇宙中最古老的一团球状星云的照片。它是在 55 亿到 60 亿年前诞生的，里面所有的恒星都是同时诞生的，约 10 万颗，都是由气体或尘埃凝缩而成。

恒星诞生的记录照片（上面是
1947 年的，下面是八后年的）

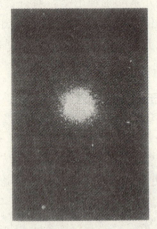

猎犬星座的球状星团（M3）

元素生成的理论

现在讨论元素的诞生问题。根据伽莫夫教授的理论,所有的元素都是由 60 亿年前凝缩在一起的中子气体形成的。中子变成质子,逐渐变成更重更复杂的元素,这些过程是在宇宙诞生开始的 30 分钟内完成的。

下面介绍的是另一种不同的理论。

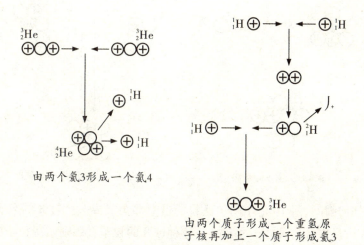

由两个氦3形成一个氦4

由两个质子形成一个重氢原子核再加上一个质子形成氦3

宇宙并非由中子开始,把它假定是氢气吧。我们从两个氢原子核,就是两个质子出发。恒星的温度非常高,所以氢原子核会以极快的速度相互撞击。两个质子撞击的结果结合在一起,其中一个质子会放出一个正电子(质量跟电子一样,只是电荷是正电荷)而成为中子。图上的希腊字母 β(贝它)加一个"+"表示正电子。

这样形成的粒子就是重氢的原子核,有一个质子和一个中子。这个重氢的原子核会跟其他质子再撞击,放出伽马射线形成质量数 3 的粒子。这种粒子叫作"氦3",有两个质子和一个中子,质量大约等于 3 个质子的质量。

氦3是非常罕见的同位素,通常比氦4轻一点,不再去抓更多的质子,但是它会跟其他氦3互相撞击,结果两个氦3结合在一起,放出两个质子而变成一般常见的氦4的原子核。

上述就是产生太阳和恒星能量的过程,太阳和恒星的光就是这种原子核反应放出来的。这种反应在温度达到 1000 万度的时候就会发生。

随着恒星本身的收缩,内部的温度会一直上升,到了1亿度的时候,两个氦4的原子核——就是阿尔法粒子——会以难以想象的高速度互相撞击,结果会形成拥有等于两个阿尔法粒子的质子和中子的新粒子。这种粒子是铍的不稳定同位素粒子,不存在于地球上,即使在地球上把它造出来,也会马上分裂成两个阿尔法粒子。

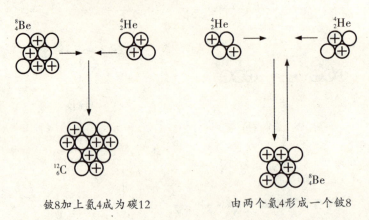

铍8加上氦4成为碳12　　　　　由两个氦4形成一个铍8

任何瞬间,每10亿个阿尔法粒子当中都会形成一个铍8的粒子,所以,在恒星内部这种粒子非常多。这种铍8的粒子会跟阿尔法粒子(氦4的原子核)撞击而变成碳的原子核。

碳——通常是碳12——会抓住一个阿尔法粒子变成氧16,氧会再抓住一个阿尔法粒子而变成氖20。

因为这种过程是逐次进行的,所以在恒星内部会有许多种元素。

黑点是粒子加速装置

说到这里,我们还是没有完全弄清楚元素的问题。例如为何太阳中有锂,许多恒星表面有铁——在地球上是非常不稳定的元素,这些问题都还没有答案。

为了说明这个问题,我们还是来观察一下太阳吧。用小型望远镜可以看到太阳的黑点,黑点随着太阳的自转在移动。当黑点移到太阳的边缘时,我们从

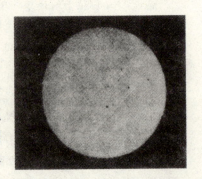

太阳的黑点

侧面观察,知道黑点其实就是太阳表面庞大的爆炸现象。我们可以利用日冕望远镜造出人造日食而把那些太阳红焰拍下来。

通过研究黑点的光谱,我们发现黑点就像是一个巨大的磁铁,有非常强大的磁场,跟我们在地球上为了加速电子而制造的电子加速器一样。

将电子送进加速装置后,电子会随着磁场的增强而被加速,以非常高的速度飞行。所以黑点的磁场就是天然的粒子加速装置。

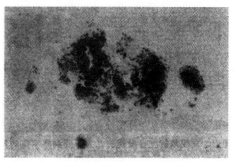

放大的太阳黑点

恒星的黑点磁场可能比太阳的黑点磁场还要强大,可以想象那里有速度非常高的粒子。这样天然地被加速的粒子会造出锂、铍或硼等元素,这些元素在恒星中也是稀有的,不过用分光器分析,它们确实存在。

自然就是科学的"蓝本"

今天人们加快了对宇宙构造及化学组成的研究。

我们现在使用的工具是电波望远镜。它不是利用可见光直接去观察恒星或星云的,而是收集恒星或星云的电磁波来观察恒星或星云的。世界上第一座大型电波望远镜建在英国曼彻斯特。在欧洲、苏联、美国等地也建造了大规模的电波望远镜。

当我们发现在地球上所做的实验和在遥远的恒星上所产生的现象一致时觉得非常兴奋。例如超铀同位素的一种,锎 245 在 55 天的半衰期中衰变,而现在某些超新星(正在爆炸的恒星)——它所发出来的光以 55 天的半衰期减弱它的亮度——之所以能产生那么大的能量可以用锎的衰变加以说明。

粒子加速器的发明,控制原子核分裂的实现,控制原子核融合的可能性,将一种元素变成另一种元素等都是 20 世纪可以引以为傲的成就,可是这些成就所研究的现象,在几十亿年中,在太阳及恒星内部都是早已存在的。

科学是从单纯的观察和纯朴的好奇心起步的。检验理论,发现从未发现过的,为了要洞察宇宙的特性和人类及其环境的本质,我们会反复地回到大自然中去。

回顾元素周期表的历史,我们发现曾有多次订正及好多推测错误。每当人们用新的目光更详细地去观察时,周期表就会被订正,逐渐形成更完整的形式。其结果是,目前人类所知道的元素都被按其化学性质的关联性进行了整理后,编排成周期表,为预言未知元素的化学性质提供了科学的根据。

各元素名字的起源

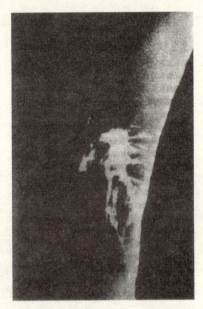

太阳表面的爆炸、红焰

关于元素的命名,没有什么特别的规律,大部分金属元素的名字都习惯在后面加上-ium。

元素的化学符号都是直接取自元素的名字,其中有一部分取自拉丁文或现在已经不再用的别名。

化学符号的采用基准是1814年瑞典化学家贝采里乌斯所提议的方案。贝采里乌斯建议用元素拉丁名的第一个字母作符号,假如第一个字母(大写)与其他元素相同,就再续第二个字母(小写)以示区别。这个方法后来被推广,一些本不用拉丁文命名的新元素也采用了这个方法。

从古拉丁文取其符号的元素有下面9种:

钠 Natrium(Na),钾 Kalium(K),铁 Ferrum(Fe),铜 Cuppum(Cu),银 Argentum(Ag),锡 Stunnum(Sn),锑 Stibium(Sb),金 Aurum(Au),铅 Plumbum(Pb)。

钨和汞的符号是从别名 Wolpram(W)和 Hydrargy(Hg)得来的。

一般来说,17世纪以前发现的元素都是用古代语名字,此后发现的元素都由发现者适当地命名。

下面是元素名和符号的由来。每一种元素都按元素名、英文名、化学符号、常温下的物理状态(固体元素除外)、发现年代、发现者和元素名字的由来(有些元素的发现年代和发现者还未最终确定)的顺序列记。

1. 氢, hydrogen, H, 气体, 1766 年, 卡文迪什发现, 名称来自法文 hydrogene(造水的东西), 燃烧会生成水。

2. 氦, helium, He, 气体, 1868 年, 简森、弗兰克兰、洛克耶尔发现, 名称来自希腊文 herios(太阳), 因为在太阳的光谱中发现它。

3. 锂, lithium, Li, 1817 年, 阿尔费特逊发现, 取名于希腊文 lithos(石)。

4. 铍, berylium, Be, 1797 年, 沃克兰发现, 取名于含着它的矿物 beryl。

5. 硼, boron, B, 1808 年, 盖·吕萨克和泰纳发现, 名称来自化合物 borax(硼砂)。

6. 碳, carbon, C, 名称来自拉丁文 carbo(木炭)。

7. 氮, nitrogen, N, 气体, 1772 年, 丹尼尔·卢瑟福发现, 名称来自法文 nitrogene(制造硝石 nitre 的东西)。

8. 氧, oxygen, O, 气体, 1771 年, 卡尔·威尔海姆·舍勒发现, 名称来自法文 oxygene(制造酸的东西), 当时氧被认为是酸的本质成分。

9. 氟, fluorine, F, 气体, 1886 年, 莫瓦桑发现, 名称来自矿物 fluor-spar。

10. 氖, neon, Ne, 气体, 1898 年, 威廉·拉姆赛、特拉威斯发现, 名称来自希腊文 neos(新)。

11. 钠, sodium, Na, 1807 年, 戴维发现, 英文名来自它的原料 soda(苏打), 符号来自拉丁文 natrium。

12. 镁, magnesium, Mg, 1808 年, 戴维发现, 名称来自 Magnesia lithos(镁石), 是古希腊的美格里西亚(Magnesia)地方出产的白石金属。

13. 铝, aluminum, Al, 1827 年, 武勒发现, 名称来自铝的化合物 alum(矾), 铝是从这个化合物中发现的。

14. 硅(矽), silicon, Si, 1824 年, 永斯·雅各布·贝采里乌斯发现, 名称来自拉丁文 silex 或 silicis(燧石, 就是氧化硅)。

15. 磷, phosphorus, P, 1669 年, 布兰德发现, 名称来自希腊文 phosphoros(带光亮的东西)。

16. 硫, sulfur, S, 取名于史前时代拉丁文 surphur。

17. 氯, chlorine, Cl, 气体, 1774 年, 卡尔·威尔海姆·舍勒发现, 取名

于希腊文 chloros(浅绿色),氯气的颜色是带绿的黄色。

18.氩,argon,Ar,气体,1894 年,瑞利、拉姆赛发现,名称来自希腊文 argon(懒惰者)。

19.钾,potassium,K,1807 年,汉费莱·戴维发现,英文名来自 potash(碳化钾,渗在木灰中),符号来自拉丁名 Kalium。

20.钙,calcium,Ca,1808 年,汉费莱·戴维发现,名称来自拉丁文 calcis(生石灰就是氧化钙)。

21.钪,scandium,Sc,1879 年,尼尔森发现,名称来自 scandinavia(斯堪的纳维亚半岛)。

22.钛,titanium,Ti,1791 年,格雷戈尔发现,取名于希腊神话的巨人族 Titan。

23.钒,vanadium,V,1830 年,塞夫斯特伦发现,取名于诺尔曼的爱和美的女神 Vanadis。

24.铬,chromium,Cr,1797 年,沃克兰发现,名称来自希腊文 chroma(颜色),因为用于颜料。

25.锰,manganese,Mn,1774 年,甘恩发现,它的拉丁名称为 manganum。

26.铁,iron,Fe,人类最早发现铁是从天空落下的陨石。

27.钴,cobalt,Co,1737 年,布兰德发现,名字来自德文 kobold(恶魔),因为被认为是铜的矿石,结果炼出来的是钴,当时认为是恶魔的恶作剧。

28.镍,nickel,Ni,1751 年,克朗斯塔特发现,名字来自德文 Kupternickel(恶魔之铜)。

29.铜,copper,Cu,来自史前时代拉丁文 coprum 或 cyprium,罗马时代铜的主要产地是 Cyprus。

30.锌,zinc,Zn,17 世纪,名称来自拉丁文 Zincum。

31.镓,gallium,Ga,1875 年,布瓦博得朗发现,名称来自法国的古名 Gallia(Gaul),镓虽然是金属,但在 29.76 度时就会熔化为银白色液体。

32.锗,germanium,Ge,1886 年,克莱门斯·温克勒发现,名称来自德国的拉丁名 germania。

33.砷,arsenis,As,中世纪名称,名称来自希腊文 arsenikon(黄色的颜料),在希腊,砷的化合物三硫化砷被用作颜料。

34.硒,selenium,Se,1818 年,永斯·雅各布·贝采利乌斯发现,取名于希腊文 selene(月亮)。

35.溴,bromine,Br,液体,1825 年,安东尼·巴拉尔发现,取名于希腊文 bromos(恶心的臭味)。

36.氪,krypton,Kr,气体,1898 年,威廉·拉姆赛、特拉威斯发现,取名于希腊文 Krptos(隐蔽的东西)。

37.铷,rubidium,Rb,1861 年,本生、基尔霍夫发现,取名于拉丁文 rubidus(虹),分光器发现的元素,谱线呈红色。

38.锶,strontium,Sr,1808 年,汉弗莱·戴维发现,来自矿石 strontionite(取名自苏格兰文 Strontian)。

39.钇,yttrium,Y,1794 年,加多林发现,取名于瑞典的城市伊特比。

40.锆,zirconium,Zr,1789 年,马丁·海因里希·克拉普罗特发现,来自含着它的矿石 zircon(锆石)。

41.铌,niobium,Nb,1801 年,查尔斯·哈切特发现,名字来自于希腊神话中的女神尼俄伯(Niobe)。到 1844 年左右,铌被误认为取 Tantalos 为名的钽 tantalum,起先被叫作 columbium,符号为 Cb。

42.钼,molybdenum,Mo,1778 年,埃尔姆发现,名字来自希腊文 molybdos(铅),钼是从被误认为铅的矿石中发现的。

43.锝,technetium,Tc,1937 年,佩里埃、塞格雷发现,名字来自希腊文 technetos(人造的),是第一个人造元素。

44.钌,Rutheanium,Ru,1844 年,克劳斯发现,名字来自 Rossiya(俄罗斯),拉丁文是 ruthenia。

45.铑,rhodium,Rh,1803 年,武拉斯顿发现,名字来自希腊文 rhodon(玫瑰),是铑盐的溶液呈现玫瑰色的缘故。

46.钯,palladium,Pd,1803 年,武拉斯顿发现,取名于 1801 年发现的小行星 Pallas。

47.银,silver,Ag,发现于史前时代,元素符号来自罗马名 argentum。

48.镉,cadmium,Cd,1817 年,斯特罗迈尔发现,取名于拉丁文 cadmia(异极矿),因为镉会跟异极矿在一起。

49.铟,indium,In,1863 年,赖希、里希特发现,取名于拉丁文 indikon

（印度蓝，英文是 indigo），这个元素是由分光器发现的，谱线呈蓝色。

50.锡，tin，Sn，史前时代，元素符号来自拉丁名 stannum。

51.锑，antimony，Sb，中世纪，来自拉丁文 antimonium，锑是可以用手摸得到的（金属物质），很可能因此而命名为 anti（反对之意）加 monium（抽象，或在游离状态），符号来自拉丁名 stibium。

52.碲，tellurium，Te，1783 年，缪勒·冯·赖兴施泰因发现，取名于地球的拉丁名 tellus。

53.碘，iodine，I，1811 年，库特瓦发现，取名于希腊文 iodes（紫色）。

54.氙，xenon，Xe，气体，1898 年，威廉·拉姆赛、特拉威斯发现，取名于希腊文 xenos（不太常见的东西）。

55.铯，cesium，Cs，1860 年，本生、基尔霍夫发现，名称来自拉丁文 coesius（青色），是用分光器发现的，谱线呈青色。

56.钡，barium，Ba，1808 年，戴维发现，来自含着它的矿石 barite（重晶石），barite 来自希腊文 barys（重）。

57.镧，lanthanum，La，1839 年，莫桑德尔发现，名称来自希腊文 lanthanō（隐藏着）。

58.铈，cerium，Ce，1803 年，克拉普罗特、贝采里乌斯、辛格发现，取名于 1801 年发现的小行星 ceres。

59.镨，praseodymium，Pr，1885 年，莫桑德尔发现，取名于希腊文的 prasios，原意是"绿色的孪生兄弟"。这是因为镨和钕共生在一起，而且镨的氧化物为浅绿色。

60.钕，Neodymium，Nd，1885 年，冯·韦尔塞巴赫发现，名字来自希腊文 neo（新）及 didymos（学生），钕和镨是从以前叫作 didymium（镨钕混合物）的物质中分离出来的。

61.钷，promethium，Pm，1947 年，马林斯基、格林丹尼、科里尔发现，名称来自希腊神话中从天上偷盗火种给人类的英雄 Prometheus（普罗米修斯）。

62.钐，samarium，Sm，1879 年，布瓦博德朗发现，来自 samaskite 石，这种矿石取名于俄罗斯的矿水技师 Samalski。

63.铕，europium，Eu，1901 年，德马尔塞发现，名称来自 Europe（欧洲）。

64.钆,gadolinium,Gd,1886 年,布瓦博德朗发现,名字是为了纪念芬兰的稀土类化学家 Johan Gadolin(加多林)。

65.铽,terbium,Tb,1843 年,莫桑德尔发现,得名于瑞典的城市 ytterby(伊特比)。

66.镝,dysprosium,Dy,1886 年,布瓦博德朗发现,名称来自于希腊文 dysprositos(难于到达)。

67.钬,holmium,Ho,1879 年,克利夫发现,名字取自克利夫的出生地,瑞典首都斯德哥尔摩的拉丁名 Holmia。

68.铒,erbium,Er,1843 年,莫桑德尔发现,取名于瑞典的城市 ytterby(伊特比)。

69.铥,thulium,Tm,1879 年,克利夫发现,名称来自于斯堪的纳维亚半岛的旧称 Thule。

70.镱,ytterbium,Yb,1878 年,马里纳克发现,得名于瑞典的城市 ytterby(伊特比),在那里发现了许多稀土类元素。

71.镥,lutetium,Lu,1907 年,乌尔班发现,名字来自巴里的古罗马名 Lutetia。

72.铪,hafnium,Hf,1923 年,科斯特、赫维西发现,得名于哥本哈根的拉丁名 Hafnia。

73.钽,tantalum,Ta,1802 年,埃克贝里发现,名称来自希腊神话中的人物 Tantalus(坦塔罗斯)。

74.钨,tungsten,W,1783 年,德·埃尔·乌雅尔兄弟发现,得名于瑞典文 Eung sten(重的石头),符号来自别名 wolfram。

75.铼,rhenium,Re,1925 年,诺达克、塔克、贝格发现,取名于莱茵河的拉丁文 Rhenin。

76.锇,osmium,Os,1804 年,台奈特发现,名称来自希腊文 osme(臭味)。

77.铱,iridium,Ir,1804 年,台奈特发现,名称源自拉丁文 iris(虹),因为它的某种化合物能发出许多种光。

78.铂(白金),platinum,Pt,16 世纪,名字来自西班牙文 platina(银)。

79.金,gold,Au,史前时代,符号来自罗马神话中的黎明女神 Aurora(欧若拉)。

80.汞(水银),mercury,Hg,液体,史前时代,来自水星得名,它的另一个名字是 guicksilver,元素符号来自希腊文 hydrargyrum-hydros(水)+argyros(银)。

81.铊,thallium,Tl,1861年,威廉·克鲁克斯发现,得名于希腊文 thallos(新生的树枝),因为它的谱线呈很亮的绿色。

82.铅,lead,Pb,史前时代,元素符号来自拉丁文 plumbum。

83.铋,bismuth,Bi,中世纪,名称来自德文 Bismuth,可能是由含着它的 Weisse Masse(白色的一块一块的东西)。

84.钋,polonium,Po,1898年,居里夫妇发现,名字是为了纪念居里夫人的祖国 Poland(波兰)。

85.砹,astatine,At,可能是固体,1940年,塞格雷、科里森、麦肯齐发现,名称来自希腊文 astatos(不稳定)。

86.氡,radon,Rn,气体,1900年,多恩发现,关联着镭 radium 在后面加稀有气体元素共通的接尾语 on。氡是镭衰变后产生的元素,本身也有放射性,曾经一段时期被叫做 niton(发亮),符号为 Nt。

87.钫,francium,Fr,1939年,佩里发现,取名于佩里的祖国 France(法国)。

88.镭,radium,Ra,1897年,居里夫妇发现,得名于拉丁文 radius(射线),因为它能放出射线。

89.锕,actinium,Ac,1899年,安德烈·德拜耳尼发现,名字来自希腊文 aktinos(光线),因为它能放出射线。

90.钍,thorium,Th,1828年,贝采里乌斯发现,名字来自矿石 thorite,矿石名来自诺尔曼的雷神 Thor。

91.镤,protactinium,Pa,1917年,哈恩、迈特纳、索迪、克兰斯顿发现,取名于 proto(最初)和 actinium(锕之母),因为它衰变后变成锕。

92.铀,uranium,U,1987年,克拉普罗特发现,名字来自天王星名。

93.镎,Neptunium,Np,1940年,埃德温·麦克米伦、艾默生发现,取名于海王星名。

94.钚,plutonium,Pu,1940年,西博格、麦克米伦、沃尔、肯尼迪发现,取名于冥王星名。

95.镅,americium,Am,1944年,西博格、詹姆斯、摩根、吉奥索发现,他们用 America(美国)为它命名。

96.锔,curium,Cm,1944年,西博格、詹姆斯、摩根、吉奥索发现,为纪念居里夫妇而命名。

97.锫,berkelium,Bk,1949年,西博格、汤姆生、吉奥索发现,以加州 Berkeley(伯克利)命名。

98.锎,californium,Cf,1950年,西博格、汤姆生、吉奥索发现,以发现它的加州大学名 California 命名。

99.锿,einsteinium,Es,1952年,加州大学伯克利分校、美国阿贡国家实验室、洛斯·阿拉莫斯科学研究所三个单位发现,以 Albert Einstein(阿尔伯特·爱因斯坦)命名。

100.镄,fermium,Fm,1953年,发现锿的三个单位发现镄,为纪念 Enrico Fermi(恩利克·费米)而命名。

101.钔,mendelevium,Md,1955年,吉埃索、哈维、肖邦、西博格、汤姆生发现,为纪念 Dmitri Mendeleev(门捷列夫)而命名。

102.锘,nobelium,N,1958年,吉奥索、西博格发现,瑞典的诺贝尔研究所于1957年发现锘,把它叫作 nobelium,可是加州大学伯克利分校再次做同样实验时却没有成功,到了第二年才造出了原子序数102的元素,为纪念 Alfred·Nobel(阿尔弗德雷·诺贝尔)而命名。

103.铹,Lawrencium,Lr,1961年,吉奥索、西克兰、拉希发现,为纪念 Ernest O.Lawrence(欧内斯特·劳伦斯)而命名。

六、电子时代的元素

1. 原子内部的奥妙

原子这个微观世界是怎样的呢？原子是不是最小的微粒，能不能再分呢？

1897年，继英国科学家汤姆生发现电子之后，人们开始揭示原子内部的秘密：原子不是最小的微粒，它具有复杂的结构，还可以再分。

在原子中，居于原子中心的是原子核，原子核的周围有若干个电子围绕着它运动。这仿佛是一个"太阳系"，"太阳"是带正电的原子核，绕着"太阳"运转的"行星"就是带负电的电子。只有在这个"太阳系"里，支配一切的是强大的电场力，而不是万有引力。

原子核所带电量和核外电子的电量相等，但电性相反，所以原子对外不显电性。不同类的原子，它们的原子核所带的电荷数不同。

在原子中，原子核只占极小的一部分体积。原子核的半径大约是原子半径的万分之一，原子核的体积大约是原子体积的几千亿分之一，这仿佛是一颗樱桃同一座十层大厦相比。因此，相对来说，原子里有一个很大的空间，电子在这个空间里作高速运动。

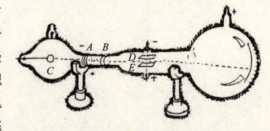

汤姆生发现电子

原子核虽小,但结构很复杂。汤姆生、卢瑟福和玻尔等为人们勾画出了一幅新的原子结构图:原子核是原子的中心;电子绕原子核飞快地旋转,形成电子云;当电子的轨道改变时,原子就要发射或吸收光子。

原子核又是由什么构成的呢?恰德威克、汤川、鲍威尔等人通过研究,回答是由中子、质子、介子、超子等构成的。科学家认为,组成世界的基石是5种基本粒子:电子、质子、中子、光子和介子。到目前为止,基本粒子已增加到了300多种。

恰德威克发现中子

质子和中子的质量几乎相等,而电子的质量却小得多,大约相当于质子质量的1/1836。所以,原子核的质量几乎就等于整个原子的质量。

质子和中子的质量虽然相同(严格来讲不同),可是带电情况不同。质子带正电荷,中子不带电荷,电子带负电荷。

1913年,英国科学家莫斯莱系统地研究了各种元素的X射线。他借助于一种叫作亚铁氰化钾的晶体,摄取了多种元素的X射线谱。他发现,随着元素在周期表中排列顺序序数的依次增大,相应特征的X射线的波长则有规律地依次减小。他认为,在周期表中元素不是按照原子量的大小排列的,而是按照原子序数的大小排列的,原子序数等于原子的核电荷数。

莫斯莱的这个发现第一次把元素在周期表里的位置同原子的结构科学地联系在了一起。

后来,在发现了质子和中子以后,人们终于认识到,决定一个元素在周期表中的位置,取决于它原子核中的质子数。例如,氢元素的原子核里只有一个质子,也就是核外有一个电子,它就排在周期表里的第1位;氦原子核中含有两个质子,也就是核外有两个电子,则它排在周期表里的第2位……反过来也一样,周期表里第几位上的元素,原子核里一定有几个质子。例如,氯是周期表里的第17号元素,它的原子核里就有17个质子,核外电子自然就是17个。

这个新发现揭开了周期表留下的几个不解之谜。

前面说到,在周期表的第1周期里,氢和氦之间隔着好大一块空缺,那么会不会再有新元素呢?根据新发现,人们知道,氢、氦的质子数为1和2,因此中间肯定不会再有新元素了。

前面也讲到,人类对元素顺序倒置之谜,现在也得到了解释。原来,钾原子核里的质子数正好比氩多1,碘比碲多1,镍又比钴多1,所以氩和钾、碲和碘、钴和镍的顺序完全正确,不存在颠倒的问题。

质子　介子　中子

汤川发现质子

可是,谜团还未彻底解开。因为绝大多数的元素都随着原子序数的增大、质子数的增多,原子量也相应增大。唯独有几对元素的原子量没有按照这个顺序增大,反而是原子量大的排在前面,原子量小的排在后面,这是为什么?

2. 电子的排布

在深入研究原子核之后,人们发现,同一种元素的原子里,质子的数目虽然一样多,但中子的数目不尽相同。化学上把同一元素原子核内质子数相同而中子数不同的原子叫作同位素。

氢原子的同位素有三种:第一种是氢,它的原子核里没有中子,只有1个质子,叫作氕;第二种是重氢,它的原子核里有1个质子和1个中子,叫作氘;第三种是超重氢,它的原子核里有1个质子和2个中子,叫作氚。

氕、氘、氚各自的原子量虽然不同,可是它们的化学性质几乎完全相同。人们测得的氢的原子量,就是按这三种原子在自然界中的百分比组成求得的同位素的相对质量的平均值。

绝大多数的元素都有两种或更多的同位素,因此绝大多数原子的原子量就是它的各种同位素的原子相对质量的平均值。

自然界的各种元素,通常是质子数大的,原子量也大,质子数小的,原子量也小。因此,在周期表中,大多数元素的原子量都是随着质子数的增大而增大。可是,有的元素虽然质子数较小,但在自然界中它的几个同位素中较重的同位素占的比例大,因此几种同位素的原子相对质量的平均值(这种元素的原子量)就要大一些;而有的元素的质子数虽然较大,可是由于较重的同位素占的比例小,结果这种元素的原子量反倒要小一些。

例如,氩的质子数18要比钾的质子数19小,但是在自然界中它的重同位素氩40的原子相对质量为39.96,占99.60%;氩38的原子相对质量为37.96,占0.06%;氩36的原子相对质量为35.97,占0.34%,所以氩的三种同位素的原子相对质量的平均值为39.95。钾的质子数虽然较大,可是它的重同位素占的比例小。钾41的原子相对质量为40.96,占6.88%;钾40的原子相对质量为39.96,占0.01%;钾39的原子相对质量为38.96,占93.08%,所以钾的三种同位素的原子相对质量的平均值为39.10。

由于原子核结构和同位素的发现,周期表中氩和钾、碲和碘、钴和镍、钍和镤等排序之谜终于彻底揭开了。

人们对核外电子进行了研究,发现电子在原子核外作高速运动。高速运动着的电子,在核外分布在不同的层上,这些层叫作能层或电子层。在含有多个电子的原子里,电子的能量并不相同:能量低的,通常在离核近的区域运动;能量高的,通常在离核远的区域运动。

现在已经发现的电子层共有7层。第1层(K)离核最近,能量最低,其他由里向外依次是第2(L)层、第3(M)层、第4(N)层、第5(O)层、第6(P)层、第7(Q)层。核外电子的分层运动,又叫核外电子的分层排布。

人们发现,电子总是先排布在能量最低的能层上,然后再由里往外,依次排布在能量逐步升高的电子层上。核外电子的分层排布有一定的规律:首先,各电子层最多容纳的电子数目是$2n^2$(n是电子层数)个。例如第1层排2个电子,第2层排8个电子,第3层排18个电子,第4层排32个电子。其次,最外层电子数目不超过8个。第三,次外层电子数目不超过18个,倒数第3层电子数目不超过32个。

人们还发现,核外电子的分层排布居然和周期表有着内在的联系。

先从行——周期来看:在第1周期,氢原子的核外只有1个电子,氦原子的核外有2个电子,都处于第1能层上。由于第1能层最多只能容纳2个电子，所以，到了氦，第1能层就已经填满，第1周期也就只有这2个元素。

在第2周期，从锂到氖共有8个元素。它们的核外电子数从3增加到10。电子排布的情况是：第1能层都排满了2个电子；第2能层上，从锂到氖依次排1，2，…，7，8个电子，第2周期刚好结束。

……

再从列——主族来看：第Ⅰ主族的7个元素——氢、锂、钠、钾、铷、铯、钫，它们相同的是，最外能层只有1个电子；不同的是，它们的核外电子数和电子分布的层数。氢的核外只有1个电子，只能排布在第1能层上；锂有2个能层，第2能层上排1个电子；钠有3个能层，第3能层上排1个电子……钫有7个能层，第7能层上排1个电子。

由此可见，第Ⅰ主族的7个元素原子的最外电子层上都只有1个电子。在化学反应中，一般是最外层电子数在起变化，由于它们最外层的电子数相同，所以，反映出它们相似的化学性质。

其他各元素的最外能层也类似。第Ⅱ主族各元素的最外能层都有2个电子，第Ⅲ主族各元素的最外能层都有3个电子……

还可从惰性气体元素、金属元素和非金属元素来看它们之间的联系：惰性气体元素原子的最外层都有8个电子（除氦是2个外）。这种最外层有8个电子的结构是一种稳定的结构，因此惰性气体元素的化学性质比较稳定，一般不跟其他物质发生化学反应。金属元素像钠、钾、镁、铝等，原子的最外层电子的数目一般少于4个，在化学反应中，最外层的电子比较容易失去而使次外层变成最外层，通常达到8个电子的稳定结构。非金属元素氟、氯、硫、磷等，原子的最外层电子的数目一般多于4个，在化学反应中，原子比较容易获得电子而使最外层通常达到8个电子的稳定结构。

人们了解了原子核外电子排布的规律后，就可以从理论上解释元素周期律了。原来，随着核电荷数的增加，核外电子数也在相应地增加；而随着核外电子数的增加，相似的电子排布也在重复出现。这就是元素性质随原子序数的增加而呈现周期性变化的原因。

人工合成的许多新元素——超铀元素，使周期表不断地延伸。在放射性变化中，一种元素会蜕变成另一种元素，由此科学家找到了利用原子能的钥匙:周期表后面的重元素会发生核分裂,而周期表前面的轻元素会发生核聚变。

科学家们预言,人造元素还会一个个地被合成出来,除完成第7周期外,并有可能进入第8周期(也就是超锕系和新锕系元素)。在未来的新周期中,元素原子还会出现新的电子层。

3. 核时代的燃料

1828年,瑞典化学家柏齐利阿斯独居石矿里发现了钍(Th)。钍(Thorium)的英文名称来自斯堪的纳维亚雷神(Thor)。

1898年,法国女科学家玛丽·居里发现了钍也有放射性。钍和空气接触之后,即使把钍拿走,空气里还有放射线,好像被钍传染了似的。英国物理学家卢瑟福发现钍像镭一样,也会发出一种放射性气体,后来又发现锕同样也会发出一种放射性气体。这两种气体分别被叫作"钍射气"和"锕射气"。这两种气体就是氡气,它也在不断地变成氦气。锡兰岛出产的万钍矿,1千克矿石加热后,能放出10升氦气。

原子能发电站

钍受到中子轰击后,会转变成铀233,这种铀的同位素并不存在于自然界中。铀233是原子反应堆的一种核燃料,而钍本身虽然不能作为核燃料,但它是制造核燃料的原料。钍和铀一样,分裂的时候会放出大量的原子能。

钍的半衰期是130亿年。它在蜕变过程中能产生一系列的放射性元素,都属于钍系,最后变成原子量为208的铅。

钍在地壳中的含量约为百万分之六,几乎比铀多三倍。含钍的主要矿物是独居石(磷铈镧矿)和钍石。独居石是从含有独居石的沙里提取出来的。中国蕴藏着丰富的钍矿。钍分布集中、容易提炼的特点引起了人们的注意,因此将会成为一种未来的核燃料。

提炼金属钍,通常是将熔融的钍监(氟化钍)进行电解,这样,可得到纯度达99.9%的金属钍。

钍是银白色的金属,外观像铂,比较柔软,可以进行各种机械加工。它的熔点高达1842℃,密度为$11.7g/cm^3$,同铅差不多。

钍的化学性质比较稳定。在常温下,块状的金属钍不容易被空气氧化,在稀酸或强碱溶液中也不会被腐蚀,只有在王水或浓盐酸中,它才会被溶解。在高温下,钍能和氧、硫等卤素剧烈地化合。粉末状的钍在空气中可以燃烧。

钍氧化后,生成白色粉末状的二氧化钍,二氧化钍是钍最重要的化合物,用它可以制造煤油汽灯的灯罩。这种灯常用于没有电的农村广场、厅屋照明。它用煤油作燃料,打进压缩空气,点燃柔软洁白的苎麻纱罩,就可发出耀眼的光芒。这种灯罩可烧多次不会坏,但极易碰碎。

原来,这种苎麻灯罩在饱和的硝酸钍溶液里浸泡过。压缩空气将煤油喷出不断燃烧,产生高温,射出白色的光。这时候,灯罩的苎麻纤维立即被烧掉,硝酸钍被分解,放出二氧化氮,剩下的便是二氧化钍,形成了一个硬的白色网壳。由于二氧化钍十分耐高温,熔点高达2800℃,因此不会烧坏,而且能发出强烈的白光。

在白炽灯泡的钨丝里,常常掺有少量的二氧化钍,用来提高钨丝的强度,既可防止钨的再结晶,还可使灯泡变得更亮。

二氧化钍有耐高温的特性,因此人们常用它来制造耐火坩埚。

4. 第一个人造元素

上世纪30年代初,在化学元素周期表的"大厦"里,有92个"房间":第1号"房间"的住户是氢元素,最末的92号"房间"的住户是铀元素。从氢到铀的所有"房间"中,还有4间房没有住户。

这4间空房是43号、61号、85号和87号。它们的元素主人在哪儿呢?人们一直在寻找这四种元素,而且不断有人声称自己已经找到了,有的人甚至还给这些元素命了名,但是最终被一一否定。人们认为,它们是"失踪了"的元素。

随着人们对放射性元素的深入研究,逐步揭开了原子和原子核的秘密,加上"原子大炮"——回旋加速器的出现,人们终于把这些失踪的元素一一找到了。

原来,这4种元素都是放射性元素。它们的原子核会不断分裂,放出 α 粒子或 β 粒子,变成另外一种原子核,这种变化的过程叫作衰变。每一种放射性物质都有固定的衰

变速度,不同的放射性物质的衰变速度各不相同。放射性元素的量减少到它原来的一半所需要的时间,化学上叫作半衰期。各种放射性物质的半衰期有长有短,差别极大,长的可达100多亿年,短的还不足1秒钟。在自然界中,有的放射性元素还可以从矿物中找到,有的却在地球上早已绝迹。

这4种失踪元素的半衰期都比较短,在自然界存在极少,甚至绝迹了。因此人们长期找不到它们,也就不足为奇了!

人们发现,对于那些不会自动分裂的稳定的原子核,可以用人工的方法去打开它,从而使一种元素变成另一种元素,这就是人工核反应。最早,人们用放射性物质放射出的粒子作为"炮弹"去轰击原子核,实现了人工核反应。后来,还使用了其他种类的"炮弹"——质子、中子、氘核,还使用了各种粒子加速器,来增加"炮弹"的威力。

第一个人造元素

1937年,意大利化学家塞格雷和佩里埃用能量约500万电子伏特的氘核去"轰击"第42号元素"钼",第一次制造出第43号新元素,并给这新元素起名为"锝(Tc)"。锝(Technetium)的希腊语(Technetos)的意思

是"人造的"。

锝,成了第一个人造元素。它被合成的数量极少,总共才一百亿分之一克。这个新元素的性质同锰有些相似,同铼更接近。

1938年,塞格雷和美国科学家西博格共同发现了半衰期约20万年的锝的同位素。现在,已用各种核反应合成了20种锝的同位素,其中Te99同位素具有最长的半衰期,约22万年。现在,每年能合成几百千克的锝。

锝并没有真正在地球上消失,人们发现在大自然中也有微量的锝存在。

1949年,美籍华人女物理学家吴健雄和塞格雷在铀裂变的产物中也发现了锝。据测定,一克铀全部裂变以后,大约可获得26毫克锝。

锝是银白色闪光的金属,具有放射性,耐热,熔点高达2200℃。锝在时,电阻会全部消失,变成没有电阻的金属。锝在酸中溶解度很小,人们常用它来作原子能工业设备中的防腐材料。

5. 地球上最少的元素

1940年,第85号元素被发现了,命名为"砹(At)"。砹(Astatium)的希腊语的意思是"不稳定"。

砹的发现者意大利化学家塞格雷迁居到美国,他和美国科学家科里森、麦肯齐在加州福利亚大学用"原子大炮"——回旋加速器加速氦原子核,轰击铋209,制得了第85号元素——"亚碘",就是砹。

砹是一种非金属元素,它的性质同碘很相似。砹很不稳定,它刚出世8.3小时后,已经有一半砹的原子核分裂变成别的元素。

后来,人们在铀矿中也发现了砹,这说明在大自然中存在着天然的砹。不过它的数量极少,在地壳中的含量只有十亿亿亿分之一,是地壳中含量最少的元素。据计算,整个地表中,砹只有0.28克!

砹是镭、锕、钍这些元素自动分裂过程中的产物。砹本身也是放射性元素。

砹在大自然中既少又不稳定,寿命很短,这就使它们很难积聚,即使只是积聚一克的纯砹都是不可能的,这样就很难看到它的"庐山真面目"

了。尽管数量甚微,可是科学家仍制得了砹的20种同位素。

砹是卤族元素,它的性质同氟、氯、溴、碘有相似的地方。砹是卤族中最重要的,它的金属性质比碘还明显。

砹已经应用于医疗。诊断甲状腺症状,常常用放射性同位素碘131。碘131放出的砹射线很强,能影响腺体周围的组织。砹很容易沉积在甲状腺中,发挥同碘131同样的作用。它不放出砹射线,而是放出砹粒子,很容易被机体所吸收。

还有第61号元素"钷(Pm)",直到1945年才被发现。钷是一种具有放射性的金属,它的化合物会发出荧光,把它涂在夜光表的指针和表面数字上,闪耀出浅蓝色的光。人造卫星上需要体积小、重量轻、寿命长的电源,最理想的是用钷制成像纽扣般大的原子电池,可以用五年之久。

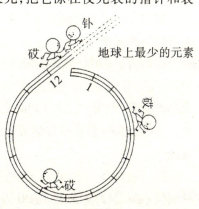

钷是美国的科学家马林斯基、格林丹尼和科里尔从铀裂变产物中找到的。在铀分裂的裂块中,可以分出一种寿命比较长的同位素钷,原子量147,半衰期大约4年。钷(Promethium)一字来源于希腊神话中的普罗米修斯,他从天上窃取火种送到人间,用它来比喻从原子反应堆的产物里得到钷,标志着人类进入了原子能时代。

从门捷列夫的预言到钷的发现,经历了70多年的时间,失踪的元素全部找到了,元素周期表大厦的"房间"里,"住户"都满了。

6. "海王星"和"冥王星"

92号元素铀以前的所有元素都已找齐,那么,人类认识化学元素的道路是不是已经走到了尽头呢?答案是否定的。

意大利物理学家费米在1934年就提出在铀元素之后,还有超铀元素存在。

费米利用质子轰击铀原子核,撞裂成两块差不多大小的碎片。他认为已制得了第93号元素——"铀X"。后来,铀X被人们否定了。

到1940年,美国科学家麦克米伦和艾默生用中子轰击铀而制得了93号新元素,他们命名它为"镎(Np)"。镎(Neptunium)的希腊语Neptune的意思是"海王星"。镎的化学性质同铀相似,而且是近邻,而铀的希腊语的意思是"天王星"。

镎是银灰色的金属,是放射性元素。现在已经知道镎有12种同位素,寿命最长的一种同位素是镎237,半衰期约220万年。铀裂变后的产物中含有微量的镎。在空气中,镎很容易被氧化,表面上会生成一层灰暗的氧化膜。

镎的发现有力地证明了超铀元素的存在,鼓舞着科学家们想方设法去寻找新的元素。

1940年,美国化学家西博格、麦克米伦、沃尔和肯尼迪用氘子(重氢的原子核)轰击铀,第一次人工合成了第94号新元素。他们把这个新元素起名为"钚(Pu)"。钚(Plutonium)的希腊语Pluto是"冥王星"的意思。这是因为钚是在镎以后发现的,是邻居,冥王星也是在海王星以后发现的。

钚是放射性元素,现在知道钚的同位素有15种,其中寿命较长的一种同位素钚242,半衰期是50万年。钚244是寿命最长的,半衰期为7600万年。钚233寿命最短,只需20分钟就有一半变得面目全非。钚239是重要的核燃料。钚238可以用在宇航设备上作能源,据计算,这种能源的利用率要比使用丁烷类燃料气体高15000倍。

用钚238制造的核电池已经应用于地面、水底、太空和医药等领域。例如美国"阿波罗"号登月飞船的宇航员,曾先后把5个钚238制造的核电池安放在月球上,为月面科学试验站提供动力。这种核电池的输出功率为70瓦左右,重量不到20千克,能在月球恶劣的环境中正常工作,使用寿命为5~10年。

高浓缩的钚238可以作心脏起搏器的动力。这种电池植入人体,可以连续使用10多年。一个起搏器只需要200毫克钚238就足够了。

人造元素是很好的热源。美国为宇航员研制的恒温太空服,就是用钚238作为热源的。

钚是一种银灰色的重金属,密度在金和水银之上。钚在空气中易被氧化，在表面生成黄色的氧化膜。它和别的金属不同，导电性和导热性较差，只有银的1%。

在天然铀矿中，钚的含量微乎其微，只有一百万亿分之一。最早制得的钚，重量不到一根头发重量的千分之一。这种稀有元素，开始时并未受到人们的重视。

不久，人们发现，那些曾被废弃的铀238，可以作为制造钚的原料，而钚的性质，跟铀235相近，可以用来制造原子弹，还可以作原子能反应堆的核燃料，用来发电。

科学家利用钚239核裂变的特性（把几千克重的钚放在一起，就能自发地发生反应，如果不加控制的话，就会发生猛烈的爆炸），制造了以钚239为炸药的原子弹。1945年7月16日，美国在新墨西哥州的沙漠上爆炸的第一颗原子弹，用的是钚239；同年8月在日本长崎投下的第二颗原子弹（相当于2万吨TNT炸药），用的也是钚239。

用钚还可以制造出小到几千吨、几百吨TNT威力的核武器，如小型核导弹弹头、核地雷、核炮弹以及氢弹和最新出现的中子弹的引爆系统。钚已成为一种战略物资，是核武器库中的"宠儿"。

用钚238作为核燃料，可以制造出一种新型的原子锅炉——快中子增殖反应堆。它不仅能发出巨大的电能，而且还能生产出新的核燃料，新生产的核燃料比烧掉的核燃料还多。

这样，钚从默默无闻的角色摇身一变，成了原子工业中的"明星"。

镎和钚这两种元素后来在自然界中也找到了，所以，到目前为止，人们所知道的天然化学元素一共有94种。

7. 95号到100号元素

人们继续努力去寻找94号以后的"超钚元素"，用人工方法又合成了锔、镅、锫、锎等元素，这些元素都是自然界里所没有的。

1944年，西博格、詹姆斯和吉奥索用质子轰击钚原子核，合成了第96号元素，取名为"锔（Cm）"。锔（Curium）的希腊语的意思是"居里"，是为了纪念居里夫妇。

锔是银白色的金属，也是放射性元素。它射出来的能量很大，使锔的温度可升高到1000℃。在人造卫星和宇宙飞船中,常用锔来作热源,也用作寿命长、结构紧凑的能源。

锔有8种同位素,锔245是寿命最长的一种,半衰期在500年以上。锔也是一种核燃料,可用来制造有特殊用途的超小型原子反应堆和原子弹。

1945年,西博格、詹姆斯、摩根和吉奥索用同样的方法又合成了第95号元素,他们把它命名为"镅(Am)"。镅(Americium)的希腊语是"美洲"的意思,用来纪念它的发现地。

镅是银白色的金属,很柔软,可以拉成丝,也可压成薄片。镅有10种同位素,其中镅243的寿命最长,半衰期约1万年。镅242是裂变物质,可用来制造超小型原子反应堆和原子弹。

中国用人造元素镅241制成了一种离子感烟警报器,它是利用镅241自动放出射线的特点,做成电离室,使空气电离,形成离子电流。当火灾产生的烟雾飘进电离室时,离子电流就会发生变化,使和它相连的警报系统发出火灾警报。这种报警装置体积小,不污染环境,灵敏度高。利用镅241还可制造监测温度、毒气等的仪器。

人造元素都能放出不同的射线,是良好的辐射源。例如,镅241放出射线,可以作射线源,用来测定痕量元素、分析溶液等。

1949年,美国科学家汤姆生、吉奥索和西博格用人工方法轰击镅241,人工合成了第97号元素,他们把它命名为"锫(Bk)"。锫(Berkelium)是从Berkeley转化来的,因为它是在美国加利福尼亚贝尔克利城的回旋加速器的帮助下制成的。

锫是放射性金属元素,寿命很短,到目前为止,所得到的锫的同位素的半衰期不超过几小时,因此应用起来很困难。

1950年,美国科学家汤姆生、小斯特里特、吉奥索和西博格用粒子轰击锔242,人工合成了第98号元素,命名为"锎(Cf)"。锎(Californium)是从California得名的,它是在加利福尼亚州制得的。

锎有11种同位素,其中锎249、锎251、锎252、锎254这四种同位素比较重要。最引人注意的是锎252,它在原子核裂变过程中,会自动放出中子,因此它被用作最强的中子源。每1微克(1微克=0.000001克)锎252,每秒钟能自动地释放出1.7亿个中子,同时放出大量的热。

锎252也是很好的核燃料。它发生爆炸所需要的最小质量只有1.5克。也就是说，只要用绿豆那样小的一点儿锎252，就可以制造出微型原子弹。

锎246的半衰期只有35小时，而锎252的半衰期是2.65年，且它能自动地放出大量的高能中子。锎252是一种得天独厚的中子源，是任何反应堆所望尘莫及的。中子照相是一种新发展起来的无损检验方法，既可以检查机械部件的内部有无缺损，还可以用作医院临床诊断，比X光照相辨别更为清楚。

锎252作中子源，可以用于中子活化分析。这是一种灵敏而快速的物理分析法，在几分钟内可以分析出一百万分之一到一亿分之一克的痕量元素（极其微量、只有痕迹的元素）。在考古工作中，用中子活化分析法，可以判断古代文物的年代和其他特征，对被照射过的文物没有损害。

利用锎252中子源可以测定石油油井出油层和水层的界面，也可以测量土壤湿度、地下水的分布等情况。英国、日本等国已开始用中子治疗癌症，疗效比X射线和γ射线要好。

人工合成锎，工艺复杂、产量极少、成本昂贵，应用上就受到了限制。目前世界上每年只能合成出几克锎。价格用微克来计算：每0.1微克锎价值100美元，每克锎的价格就是10亿美元。可以说，锎是世界上最昂贵的金属。

人们仍在继续寻找"超钚元素"。第99号、第100号元素在还没有人工合成以前，意外地在一次爆炸试验中被发现了。1952年11月，美国在太平洋马绍尔群岛的一个珊瑚岛上空爆炸了第一颗氢弹。这次是利用氘聚变成氦时所释放的巨大能量进行的爆炸，爆炸威力相当于1000万吨TNT炸药，是在广岛爆炸的那颗原子弹爆炸力的500倍，整个小岛被炸了个精光。

科学家收集了附近爱尼维托克环形岛上约1吨的珊瑚，对它们进行了大量化学处理以后，分离出了微量的锿253（第99号元素）和镄255（第100号元素）。

1952年，美国的吉奥索等人工合成了"锿（Es）"元素。锿（Einsteinium）的原意即"爱因斯坦"，是为了纪念美国著名的科学家爱因斯坦。

1953年，美国的吉奥索等人工合成了"镄（Fm）"元素。镄

（Fermium）的原意是"费米"，是为了纪念意大利科学家费米。

8. "添丁"的麻烦

至目前为止，人类总共发现了109种元素，以及1500多种同位素（其中稳定的同位素272种）。照理说，在元素家庭中"添丁"是一件喜事，可是，那些姗姗来迟的新元素的诞生，却给人们带来了"麻烦"。

从第102号元素以后，人们都是以重粒子轰击已知元素来合成新元素的。这种实验十分复杂，而且辨认个别短寿命新元素原子的"身份"，是在几十亿个副原子的强干扰放射性辐射下进行的。在这种困难的情况下，有些工作出现错误是不足为奇的，这样，在新元素发现的优先权和新元素命名的问题上引起了争议，分歧主要来自苏联、德国和美国这三国的科学家。

1964年，苏联宣布，苏联科学家弗列罗夫等发现了第104号元素，并命名这个新元素为"𬬻（Ku）"，是为了纪念逝世的苏联原子物理学家库尔恰托夫。

1968年，苏联又宣布，弗列罗夫等发现了第105号元素，命名这个新元素为"𬭊（Ns）"，以纪念原子物理学家尼尔斯·玻尔。

第104号和第105号元素，只能存在几秒钟，很快就会裂变成别的元素。

1974年，苏联再次宣布，弗列罗夫等用铬的原子核去轰击铅的原子核，合成了第106号元素，当时没有命名。

在国际会议上，美国科学家对苏联发现第104号、105号、106号三种新元素表示怀疑，苏联科学家也反唇相讥。

与此同时，美国科学家也宣布先后发现了这三种新元素。

1969年，美国化学家吉奥索等合成了第104号新元素，命名这个元素为"𬬻（Rf）"，用来纪念著名物理学家卢瑟福。

1970年，美国的吉奥索等人合成了第105号新元素，命名这个元素为"𬭛（Ha）"，用来纪念德国物理学家哈恩。

1974年，美国的西博格、吉奥索等合成了第106号新元素，当时没有命名。

1976年，苏联又宣称弗列罗夫等以铬原子核轰击铋的原子核，合成了第107号元素的同位素261。但是，德国认为，第107号元素是德国达姆施塔特重离子研究机构的彼得·阿姆布鲁斯教授等于1981年2月发现的。第107号元素的寿命十分短暂，只能存在1毫秒，瞬间即逝。

1982年9月，联邦德国的阿姆布鲁斯等在直线加速器中采用了高速铁离子为炮弹，对准铋的靶子整整轰击了15天，终于得到了第109号元素。它的寿命也很短，只存在5毫秒就分裂成第107号元素，经过223毫秒，又放出一个粒子，最后变成第105号元素的同位素。

1984年3月，联邦德国又宣布，达姆施塔特重离子研究机构的物理学家戈特弗里德·明岑贝格、西尔德·霍夫曼、维利布罗尔德·赖斯多夫和卡尔·海因茨·施密特等人，人工合成了第108号元素，这是在实验室的粒子加速器中用铁原子和铅原子合成的。

第108号元素的寿命也很短，因此，它的意义只局限在科学研究方面。

由于三个国家对新元素的发现有了争议，都坚信自己是某种新元素的发现者，拥有命名权，故而世界上就出现了3种周期表，酿成了"添丁之忧"。

1977年8月，国际化学会无机化学分会为此作出了一项决定：从104号元素以后，不再以人名、国名来命名，都采用新元素的原子序数的拉丁文数字的缩写来命名。即：

nil—0，un—1，bi—2，tri—3，quad—4，pent—5，hex—6，sep—7，oct—8，enn—9。

根据上述规定，从第104号以后的化学元素的命名应该如下：

	拉丁语名	元素符号	中译名
第104号	Unnilquadium	Rf	一〇四
第105号	Unnilpentium	Db	一〇五
第106号	Unnilhexium	Sg	一〇六
第107号	Unilseptium	Bh	一〇七
第108号	Unniloctium	Hs	一〇八
第109号	Unnilennium	Mt	一〇九

这样，不仅刚诞生的元素有了名称，连那些预言的元素，也早已有了

名字,不会再发生矛盾。

9. 永无止境

世界上到底有多少种化学元素?人们能不能不间断地合成出新的元素呢?

有些科学家曾经预言说,人工合成的10多种元素,它们的寿命都很短,像第107号、108号、109号元素,存在的时间都不足1秒。所以,今后人工合成的新元素的种类为数不多了,也就是说,化学元素的编号是有限的,不可能绵延不止。

今后,人工合成新元素的困难会越来越大,因为原子核在整个原子中占的体积太小,原子大炮很难击中它,而且原子核带正电,两个原子核相遇时互相排斥,原子核大,这种斥力也越大,所以必须有足够强大的高能重离子加速器,使两个核的相对速度至少达到光速的十分之一,克服这种斥力,才能使两个核融为一体。

可是,人们对元素的稳定性开展深入研究以后,就注意到在原子核中,如果质子数和中子数是某些特定的数字(如2,8,20,28,50,82,114,126,164等)时,这些原子核就比较稳定,寿命也比较长。但是,出现这种情况的原因长期无法破解,因为这些数字实在令人费解,人们给它们起名叫幻数。

稳定的核具有幻数,当然具有幻数的核也可能是稳定的。于是,有些科学家提出了"超重核稳定岛"假说。这种假说认为,原子序数114附近会有一些比较稳定的元素,能够起到像钚一样的作用,并成为原子弹的原料和核燃料的原料。

人们根据这种假说,还计算出这些元素的半衰期可能长达1亿年之久。也就是说,如果这些元素被发现以后,它们将像金、银、铜一样"长寿",并能在生产中得到应用。

由于这些元素的周围都是些半衰期极短的不稳定性元素,就像在不稳定的海洋中存在着一座以质子数114、中子数164为顶峰的稳定元素的海岛,所以人们把这个假说称作"超重核稳定岛"假说。

航海家有一个经验,如果在航途中碰到几只海鸟,那么,就说明离陆地或海岛近了。科学家发现的第 104 号、105 号、106 号和第 107 号元素的新同位素的性质表明,稳定岛是存在的。

　　1977 年发生的事也证实了稳定岛的存在。在陨石中和过滤地下热水的离子交换器中,发现了新的自发裂变辐射体。它的核在裂变中平均释放出 3~6 个中子。这种物质核的裂变是很不平凡的,物质的挥发性接近于锴和铅化合物的挥发性,与超重元素的理论所预见的性质大体一致。

　　科学家甚至预言了第 114 号元素的一些性质:它是一种金属,同铅类似,密度每立方厘米为 16 克,熔点 67℃,沸点 147℃。可以用它来制造随身携带的微型核武器。甚至说,从陨石中已得到了第 114 号元素。科学家还预言,第 110 号和第 164 号元素也是一种长命元素,可以存在 1000 万年以上。

　　探索稳定岛的工作只不过刚刚开始,这个假说是真理还是谬论,需要由科学实践来验证。

　　1976 年,美国传来了一个惊人的消息:美国科学家利用 X 射线谱从马达加斯加岛的独居石矿中发现了微量的 4 种新元素——第 116 号、第 124 号、第 126 号和第 127 号。可是,这些都还没有得到最后的科学证实。

　　自然界为什么有这么多的基本粒子?宇宙万物的组成是不是还有更基本的粒子?这是又一块"新大陆",人类对物质世界的认知将永无止境!

附一　门捷列夫小传

1869年，化学界的神巫时代虽然早已过去，但是神巫时代的精神还是像拖着一条彗星式的尾巴。门捷列夫就是这颗彗星。他是一位特殊的科学家，是一所著名大学的化学首席教授，披着"预言家"的外衣。"有一个尚未出世的元素，名之曰类铝，可以猜想得到，它的性质和铝相似。你若去找它，一定会找得到。"这是化学史上第一句真正的预言，出自门捷列夫，来自俄罗斯。此后不久，接二连三的预言接踵而来，引起了整个科学界的关注。门捷列夫是不是也知道魔术师的水晶钟里的信息？是不是他也攀登过伽蓝山，得到了先知们所认识的新元素的石板？

当拉瓦锡将锡放在封闭的烧瓶里加热的时候，看见它的样子变了，重量也变了。他忽然想出一条与众不同的真理——"反燃素说"，于是便作了许多别的变化的预言。1869年的前两年，洛克耶用本生和基尔霍夫新发明的仪器——分光镜，观察9300万里以外的太阳，看见了现在已经证明为氦元素的光谱，也作了一番预言式的推测。再如阿伏伽德罗、道尔顿、凯库勒等人的学说，又何尝不能当作一篇篇预言、一篇篇先知们的思想学说来看呢？门捷列夫只不过是最令人震惊的一个罢了。

门捷列夫的祖先是英雄一般的先驱者。他出生的100年前，彼得大帝进军到西俄罗斯，在行军中遭遇瘟疫，许多人因此留在了那里。此后的六七十年间，又有许多富裕了的人纷纷东迁回去。1787年，门捷列夫的祖父在西伯利亚的托博尔斯克地方开了第一个印刷店，并发行了全西伯利亚唯一的一份报纸。他的祖父及父亲并没有定居下来，而是继续到处漂泊。直到1834年2月7日，门捷列夫出生时，他的家族几乎有200年没有定居过了。

门捷列夫是他的17位兄弟中最小的一个，可他的童年生活是非常不幸的。

他的父亲原来是一所高等学校的校长,后来眼睛失明,不久就死于肺炎。他的母亲是位美丽的鞑靼人,她很能干,将一家大小带回老家之后,开设了西伯利亚第一家玻璃工厂。门捷列夫也在这里开始学习"自然科学"。

不幸的是,他家的玻璃厂给火烧掉了,他们兄弟姐妹不得不各走各的路。年纪最小的门捷列夫很想到莫斯科去,因为在那里或许还有机会进大学。可是,政府干涉了他们的行动,把他的母亲送到了圣彼得堡,将他留下来送进了师范学校的科学部。这所学校是专门为当地高等学校训练教员的。他在这里并不得意,只是专心攻读数学、物理和化学。同学们都很厌恶他,他也看不起他们及他们自恃的学问。几年后,当他有机会在讨论俄罗斯的教育问题的会议上发言时,他说:"我们现在不应该过着柏拉图式的日子,我们需要更多的牛顿去揭开自然的秘密,改善我们的生活!"

门捷列夫学习很用功,学业成绩一直名列前茅。可惜,他从小就体质弱,尤其是当得知母亲的死讯时,更是形销骨立了。医生劝他至少要休息6个月,他却只身去了克利米亚的乡下,得到一个科学导师的位置。

当克利米亚战争爆发时,他迁居到了敖德萨,22岁那年又回到了圣彼得堡,以办私塾教书谋生。几年之后,他觉得在俄国不能发挥他在科学上的才能,于是到了法国和德国。第二年,自己便在海德堡设立了一个实验室,设备十分简陋。可是,他可以时常到别的化学家的家里去,譬如本生和基尔霍夫的家,向他们二人学习分光镜的用法,也和科普一道在卡尔斯鲁厄的议士厅里,听听名人的演讲,如阿伏伽德罗的大分子模型、坎尼扎罗的原子量说等。经过几年的相处,他受益匪浅,最后也竟有机会在一些历史性的会议上一显身手。从此他告别了流浪的日子。

他虽然不再流浪,但也没有过上安逸的生活。结婚之后,他变得非常忙碌。譬如在两个月内编了一本500页厚的有机化学教科书,因而得到了Domidoff奖金。凭着一篇《论水与酒精之结合》的论文,获得了化学博士。当时他只有32岁,被人们称为化学的哲学家。其实他是忠实的实验者,有着独特的见识,因此他被圣彼得堡大学延聘为正教授。此后的20年,他致力于研究周期律。当时是沙皇的鼎盛时期,到处充斥着贪恣、虚伪、愚昧、残酷与专横。可是在文化方面，经过托尔斯泰、柯皮林等人在文学方面的努力，"到民间去"的口号叫得响亮了，所以门氏是愿意与"民"亲近的。他喜欢旅行游历，专门找农民和工人交谈，而且高兴乘坐三等车。他虽然没有参加秘密反对沙皇的组织，但在言行上对沙皇也绝不支持，而且尽量避免政府工作，远离中央的控制。总之，他是化学家，是自然哲学家，也是社会改造的热心者。他重视社会的正义，乐意为人类工作，为人类将来的幸福而努力。

1876年，他主动向政府请求到美国宾夕法尼亚州去勘察当地的油田。当时，没有人知道石油工业的重要性，当他看到有关德雷克上校于1859年在美国宾州的泰特斯维尔地方钻了一个深69尺油井的报告时，觉得这是一个很值得关注的事情，应该为祖国人民所了解，所以，他主动去该处亲自试验。当他又读到马可·波罗所撰的一篇文章，述及高加索境内的巴库也有从地下流出来的液体并且可以燃烧时，他又赶到那个地方去试验。晚年他变成了一位过激的"爱国者"。1904年2月的日俄战争，一心想取得胜利的他主动参加海军，并为海军发明了一种无烟火药Pyrocollodion（焦性火棉胶）。然而，终究无法挽回失败的局面。当时他已是年过七十岁的老人了，当然承受不了战败的刺激。1907年2月的一天，这位老化学家稍稍受了点凉，与世长辞了。俄国著名的分析化学家缅舒特金迟他两天而逝，还有长年在俄国的有机化学家拜耳斯坦也在他逝世不到一周年的时候去世了。在那两年，俄国的化学家真像是陷入了大风暴之中。

他在国外获得的荣誉远多于国内。1880年，经过多人的推荐，他才得到了莫斯科大学"荣誉员"的称号。那时，他已发表了"元素的周期分类"，还获得了英国皇家学会的戴维奖章。几年之后，他又获得了英国化学会的法拉第奖章。此后，美、德两国的化学会，普林斯顿大学，剑桥大学，牛顿大学以及葛庭根大学都纷纷授予了他各种荣誉称号。而在俄国，出于当时的经济部长谢尔盖·维特的再三说情，才让他当了个"衡量局的指导师"。

日常研究之外的大部分时间，他都和妻子在一起。当时的俄国是个毫不尊重女权的国家，但他认为女子应和男人一样，工作与受教育的机会应该平等。所以在他的研究室与教室中，不是仅有男人的地方。可惜他和他的第一位妻子生活得并不愉快,她只为他留下两个儿女就离去了。47岁那年,他再婚,他的继室安娜是一位有艺术家气质而年轻的哥萨克人。她了解他的内心世界,所以能适时地给予他帮助,而且安贫乐道。因此,他们的日子过得很愉快。有几次,门捷列夫这样宣告说:世界上再没有什么事情比我的孩子们围绕着我使我更高兴了。他身穿他最崇拜的人——托尔斯泰穿着的衣装,好让安娜时常提醒他要礼貌。他很喜欢读书,尤其是游记一类的书。还喜欢音乐和图画,但不喜欢歌剧院里的歌剧。对于安娜的铅笔画,他非常地欣赏。在他的书房中,挂满了她画的拉瓦锡、牛顿、法拉第等的画像。

1869年是门捷列夫在学术上出成就的一年。此后,他整整用了20年的时间,从事读书、研究、实验,进行化学元素秩序的探索。每天,他将得到的有关元素的数据加以整理、编排,希望将自然界所隐藏着的秩序全部挖掘出来,这是一件非常繁重的工作。他牢记着几千位科学家,分别在几百座实验室里,寻找促进世界文明前进的元素的迹象。有时候,往往为了一两个不完整的数据,他还要亲自试验,加以补齐,因此耗费了他很多的时间。

元素的数目与日俱增。古代技艺家用来制造器皿的金、银、铜、铁、汞、铅、锡、硫和碳,后来的炼金术士的加入剂,自然对他们也特别神秘。哥伦布发现美洲的同年,德国物理学家瓦伦丁发现了锑,这是敲开自然界大门的先声。1530年,另外一位德国人阿格里科拉编了一本《冶矿学》,其中提及铋元素(1912年赫伯特·胡佛夫妇将它译成英文)。之后,帕拉塞尔苏斯首先将金属锌介绍给西方世界。布兰德从尿中发现了磷,还将砷与钴也加入了元素表。

18世纪初,又有14种新元素陆续被发现。之后,发光的镍,烧不着的氩,不活泼的氮,生活必需的氧,使人残废的氟,可以作防盗设备的锰,耐热灯丝的钨,掺入铜中使之不锈的铬,以及钢的组织材料钼、钽都相继出世了,还有比较特别的钛、锆、铀也不甘落后。

揭开19世纪元素史的是一位英国人哈切特,他发现钶(最近改为铌,Niobius)蕴藏在狄格谷到英国博物馆一带的黑色矿石中。也就是那段时间,发现元素的捷报频传。到了1869年,英国、法国、德国和瑞典的化学杂志里,已报道的元素就有63种之多。

门捷列夫收集了这63种元素的各种数据，甚至对化学性质很活泼，只知道其存在而尚没有被证实的氟，也补全了数据。这时候，摆在他面前的是这样的一堆元素：原子量由氢的1到铀的233.8，没有一个相同。在常态下，像氧、氯等以气态存在，汞、溴以液态存在，其余的都是固态。有些金属非常坚硬，如白金和铱；有些又非常柔软，如钠和钾。锂金属非常轻，轻得可以浮在水面，而锇也是金属，却比水重23.5倍。金是黄色的，碘、铁则是灰色，白磷是白色的，溴又呈深红棕色。有些金属，如镍和铬可以作高度的磨光，有些如铅和铝，再怎样也磨不光滑。金暴露在空气中没什么变化，而铁就很容易生锈，碘则易升华。对于分子，有双原子的、三原子的、四原子的、八原子的不等。再如钾金属，若不戴手套去抓它，则是非常危险的，而有些就是握住几百年也没有关系……这些元素的物理性质和化学性质是多么奇妙、多变而令人迷惑！

这些元素的本质，有没有规律可循？在这些元素之间，有什么联系？在这些元素之间，也能像以前达尔文发现有机生物的多型变化律一样，理出一个头绪吗？门捷列夫茫然了。可是，这些问题促使他不得不去想，渐渐地，他真的与这些问题再也分不开了。

最初，他将元素按原子量的大小顺序从最小的氢排到最大的铀，可这样的秩序有什么特殊的意义，这时候门捷列夫还不知道。在此时的三年前，英国人约翰·纽兰兹在伯林顿府的英国化学会上就宣读过一篇类似元素秩序的文章。纽兰兹还说道：每8个元素之后，其性质又与开始的一个元素的性质相似。他将他的元素表比成钢琴的键盘，88个键，每8个一组，每组各成一个周期。他说："每组的元素间都有很相似的排列，就像音乐里的八音律一样。"当时，在伦敦有学问的人士都笑他的"八音律"。福斯特教授也讽刺他说："假使事先他将元素的各种性质都掌握了，就不会说这些话了！"他这样想：化学元素的秩序和钢琴的键盘一样，那么，将钠在水中发出唧唧的声音，比作是高音部，应该没有什么可怪的吧！可别人都说："太奇怪了！"于是纽兰兹也就被人遗忘了。

门捷列夫经过用心的观察，当然不会重蹈覆辙。他在63张卡片的每一张上写上一个元素的名称与性质，并将这些卡片钉在实验室的墙上，然后一一计算这些数据。他将相似元素的卡片放在一起，重新编排秩序，再钉在墙上。这样反复地做，其间的关系就渐渐地明了了。

门捷列夫将元素分为 7 种。由锂（原子量 7）开始，依次是铍（原子量 9）、硼（11）、碳（12）、氮（14）、氧（16）和氟（19），这些是第一周期的元素。第二周期的第一个元素钠（23），它的物理性质和化学性质和铍都很相近，所以将钠排在铍的下面。依次排了 5 个元素之后遇到了氯，它与氟的性质极其相似，因此他觉得这简直是一个奇迹，并继续作了更深入的研究，完成了一张方形的元素周期表。他为这张周期表写了一篇非常著名的报告，宣布"元素都能固定在一个位置上"。如活性非常大的金属锂、钠、钾、铷、铯组成第一组（他当时称为第一号），而活性非常大的非金属氟、氯、溴、碘，编成第七组。

所以，对于门捷列夫的发现，其意思是说："元素的性质"是"其等原子量的周期"的函数。这就是说：每相隔若干个（7 个）元素，其性质就相似地重复一次。他发现的是多么简单的自然规律！在他的元素周期表中，第一族中任意一种元素的每两个原子可以和一个氧原子结合；第二族中任意一种元素的一个原子只和一个氧原子结合；第三族中任意一种元素的两个原子和三个氧原子结合。后面的几族都可以依此类推。自然界中还有比这更简单的自然规律吗？他的研究使后人知道，只要掌握一族元素中的任意一种元素的性质，那么全族元素的性质都可以推测出来，这对于化学的学习是多么轻而易举！

这个元素周期表会不会也只是臆想的结论，连门捷列夫自己也不敢确定。他一再在元素本身独有的性质上研究，一再翻读他抄过的化学文献。他成年累月地待在炎热的实验室里，盯着真实的元素，思考着它们应有的规律，害怕他的判断会成为后人的笑柄。他在碘原子的附近找出了一个错误。依照原子量，碘为 127，碲为 128，碘应该在碲的前面，若碲在碘的前面，原子量应该在 123—126 之间。他很想为此作一篇预言式的论文，申述他的推测。后来他想其中可能还有别的原因，所以还是将碲排在了前面，但在其旁边加上了一个问号，表示对该原子有疑虑。当时他没有责备测量原子量的人的错误，只是重视他应有的地位，他的见解终为后人所证实。这是他预言之外的见识。

金在当时所容许的原子量是 196.2，正好在铂（196.7）元素之下，而铂反而排在了金的前面。一些专爱挑剔的人叫嚣了起来，骂他这样排法不准确。门捷列夫这次却勇敢地宣称：这一定是分析人搞错了，他的周期表是不会错的。他叫他们不要喧闹，总有一天他的话会被证实。之后，精密的化学天平证实了他的话，他也再次胜利了。金的原子量确实比铂大。以后人们当他是一位神秘的人物，都尊重而敬畏他。

门捷列夫最大的难题是周期表的空格。这里应该是空着，还是一些迷失的元素尚未被发现？他判断是"迷失的元素"的空位，并作了这样的预言。

第三族元素在钙与钽之间有一个空隙，因为它排在硼下面，所以，这迷失的元素应该是硼层的，于是他就作了类硼的预言。在铝的下面也有一个空隙，他又作了类铝的预言。随后，他在砷与类铝之间又找到了一个空隙，是属于第四族的，恰好在硅的下面，于是他再次作了类硅的预测报告，并正式发布于世。

这位欧陆的外邦人，世人都瞩目的预言家，他的两三篇论文发表之后，全世界的许多化学家，在地壳中、在工厂的灰烬里、在海底以及在任何遇到的角落里，都在寻找着他预言的几种元素。一年四季，总有人跑到门捷列夫那里听他讲演。到了1875年，他预言过的第一种元素被人发现了，是布瓦博得朗从比利牛斯山锌矿里获得了类铝元素。他用分光镜发现了在这矿石中有一种新元素，分离并测验其性质的结果，与门捷列夫所预言的类铝相似，于是，布瓦博得朗把这种新元素命名为"镓（Gallium）"。

可是，这并没有很快地令人信服。大家都认为这只不过是偶然的巧合。要是真的有人对新元素能预算得那么准确，那么，也应该有人可以预言在天空中什么时候会诞生一颗新星了。化学之父拉瓦锡不是曾经说过这样一句话吗："所有对元素的数量和性质的说法，都是形而上学者的辩论，徒使我们坠入云霄之中。"

然而，德国方面又传来新的消息，温克勒发现了另一种新元素，性质很像门捷列夫预言的类硅。他知道俄国人的预言：有一种灰色的元素，原子量约为72，密度约$5.5g/cm^3$，与各种酸作用都没有什么变化。他果然从某种银矿里找到了一种灰白的元素，原子量为72.3，密度为$5.5g/cm^3$，在空气中加热所得的氧化物和预言的一模一样，还有别的性质也相同。温克勒把它命名为"锗（Germanium）"，这次没有人不承认了。

两年以后，尼尔森在斯堪的纳维亚宣称，他找到了类硼。于是全世界的科学家都对在圣彼得堡的门捷列夫表示敬意与祝贺。

门捷列夫是神圣的预言家。他认为周期律的渊源可以在1860—1870年间去追寻。如法国的尚古多、德国的劳尔·梅耶、英国的纽兰兹、美国的库克等都给了他启示。更巧的是,劳尔·梅耶几乎与门捷列夫同时发现了周期律。他们两个人从未会过面,绝没有互相讨论过周期律,而劳尔·梅耶也在1870年发表了有关周期律的文章。可见,这是定律本身成熟了,天才与先驱者不过是得天独厚,"他们高高在上,先得到天光的回照……"

附二　居里夫人与镭

华沙的夏天，洋溢着欢乐。

父亲、哥哥、姐姐都为玛丽的成功兴奋不已。

一回到家，玛丽的食欲大增，身体也逐渐正常，比刚从巴黎回来时健康多了。

有一天，父亲问玛丽："玛丽，你留在华沙教会，和爸爸住在一起好吗？"

玛丽很想再去巴黎修完数学，取得学士学位，但是只靠父亲的汇款，即使过着比以前更艰苦的日子也不行，而且她的存款早就花完了。

正在这时，玛丽收到了在巴黎读书时的一个好朋友兹伊斯嘉的来信。

玛丽曾告诉过她自己的身世、遭遇和理想，因此兹伊斯嘉写了这封信，鼓励她继续到巴黎深造。

兹伊斯嘉已经帮玛丽申请了"亚历山大助学金"（这是为外国优秀的留学生设立的，可以慢慢偿还），有600卢布，足够她四五个月的生活开销。这对玛丽来说，就像中了头彩一样。

父亲看到玛丽欣喜若狂的样子，不忍阻止，只好说："也好，你去吧，但要多注意身体。布洛妮亚来信说你用功过度，身体都搞坏了。"

"爸爸，您不要操心，这次我一年就可以回来了。只要获得了数学学士学位，我们的愿望就可以实现了，那时我绝不再到别的地方去，一定陪在您的身边。"

于是，9月初，玛丽又满怀希望地束装前往巴黎。她并不知道，从此以后会永远地离开波兰，成为法国人。命运真是难以预料啊！

新学期开始了，玛丽再度进入巴黎大学文理学院专攻数学，闲暇时做兼职教师。

她的学生是该大学的法籍同学,程度很不错,玛丽只要以她过去所学的物理学来授课即可,比起教不用功的学生轻松多了。

此外,她的恩师里普曼教授,还介绍她去了法国工业振兴协会做研究工作。

她努力不懈地去研究协会指定的"关于各种钢铁的磁性问题",希望能获得酬金,以便偿还助学金。但是,研究工作比她想象的困难多了。

就在她深感困扰的时候,某大学的物理教授柯巴尔斯基出乎意料地前来看她。柯巴尔斯基是一位知名度甚高的学者,玛丽对他非常尊敬,他们曾在斯邱基村见过面。

柯巴尔斯基是来巴黎度假的,顺便探访玛丽。

玛丽兴奋不已,能在异国他乡遇到来自波兰的故人,真是难以言表的快事。

当晚,玛丽应邀去了柯巴尔斯基下榻的旅社,两人谈得很愉快。除了谈论近况、物理研究外,还谈起有关钢铁磁性能的问题。玛丽告诉他,她自己正为找不着适当的研究场所而头痛万分。柯巴尔斯基沉吟了一会儿,说道:"我可以介绍你到一个地方去。你知道培尔·居里教授吧?他是个有名的学者,住在罗蒙街,是巴黎理化学校的教授。他或许愿意借用一部分实验室给你。我看,你们先见个面再说吧,明天晚上你再来一趟,我会把培尔·居里请来。"

"谢谢您,老师,明晚我一定来。"玛丽道谢后,便回去了。

培尔·居里当时是巴黎理化学校的实验室主任,是"居里天平"的发明人,曾发表有关磁学的"居里法则",在法、英、德的学术界颇负盛名,年纪很轻,才35岁。

第二天晚上,培尔·居里和玛丽首次见面。

"这位是玛丽·斯科罗特夫斯基,从华沙来的,在巴黎大学文理学院就读。"柯巴尔斯基微笑地介绍说,"这位是居里法则的发明人培尔·居里先生。"

玛丽很虔诚地和这位仰慕已久的学者握手。

培尔·居里看起来比实际年龄还年轻,他的微笑和稳重慑住了玛丽的心。

从此,他们俩便经常接触。他们是多么相似啊,那种为了追寻知识心无旁骛的态度,简直如出一辙。

培尔经常去玛丽的住处,彼此畅谈学问,几乎忘了时间。

他把自己的著作送给玛丽,并写上:

送给斯科罗特夫斯基小姐。
以作者无限的敬意和友谊!

培尔·居里

有一天,培尔说:"玛丽,来见见我的父母好吗?他们都是好人。"

玛丽答应了。于是,在6月里一个气候宜人的傍晚,他们一道前去拜访了住在巴黎市郊的老居里夫妇。

"啊,他们多么像我的父母呀。"

当玛丽见到风趣的老先生和带着病体却精神焕发的老夫人时,感到分外的亲切。

居里的母亲第一眼就喜欢上了玛丽,甚至暗想着,如果培尔能娶到像玛丽这样纯洁聪明的女孩,那该多好啊。

此后不久,老居里夫人就到布洛妮亚家去提亲;布洛妮亚和卡基米尔也很赞同。

至于小两口,他们早已私心暗许,只是玛丽仍然把对父亲的承诺铭记在心。

她心想,要是真的嫁给培尔,入了法国国籍,那么一直盼着我回华沙的父亲,不知会有多么失望!

日子一天天地逝去。转眼,数学学士考期将至。为了准备功课,玛丽有一段时间闭门苦读,没和培尔见面。

1894年7月,玛丽终于以第二名的成绩获得了数学学士学位。

此外,她也完成了法国工业振兴协会的一项研究,并获得一笔酬金,顺利地偿还了600卢布的助学金。

助学金财团的秘书惊讶地说:"从没有人这么快就还清助学金,你是头一个。"

"如果我尽早还清,你们就可以再把这笔钱借给其他清贫的学生,所以我拼命地去赚钱。"玛丽回答。她的善良深深地感动了那位秘书。

玛丽又回到了华沙。

三天的归途中,她悲喜交加,时而是与父亲久别重逢的喜悦,时而是与培尔依依离别的哀伤。

看到了久别的女儿,父亲兴奋地说:"玛丽,你终于回来了,我等了好久了!你以后不会再到别的地方去了吧?你看,爸爸等你,等得头发都白了……"

看着父亲欢天喜地的样子,玛丽实在不忍说出要和培尔结婚的事。

但是,此刻耳际仍回荡着离别时培尔的殷殷叮咛:"玛丽,10月一定要回巴黎来噢!"

怎么办呢?她无时无刻不在思索这件令她左右为难的事。

有一天,父亲跟玛丽说:"今年夏天,我们父女俩到外地去旅行吧!"

这是一次期盼已久的旅行。一路上洋溢着兴奋和快乐,培尔的情书也锲而不舍地追着她的行踪。

亲爱的玛丽:

见信如见人。接到你的信是令我最感雀跃的事。

相信此次旅行,一定可以使你身体健康、精神愉快,也相信秋天一到,你一定会到巴黎来。

假如你真的返回巴黎,不只是我个人的幸运,也是你自己的福气。因为在巴黎,你可以更深入地钻研学问,为人类做一番有意义的事。

培尔

玛丽看了这封信,颇有同感,因为她实在太酷爱知识了。但是,为了追求学问,就必须离开敌人蹂躏下的华沙,到人文荟萃的自由巴黎去吗?一想到父亲她就舍不得。

其实,玛丽的父亲早就从布洛妮亚的来信中知道了一切。

培尔生长在一个很高雅的家庭,兄弟们都是一流的学者,而他本人更是卓越的物理学家,应当是玛丽的良伴。所以,旅游归来后,父亲就主动试探玛丽说:"玛丽,你隐瞒了一件重要的事,没告诉爸爸。"说着,便拿出布洛妮亚的来信给玛丽看。

"爸爸,请原谅。我实在不敢跟您提这件事,因为我如果和培尔结婚了,那就必须在巴黎定居,您会很失望的。"

想不到爸爸神情开朗地说:"我了解你的心情。你定居法国,我是孤单了一点,但你也是为了研究学问啊,做爸爸的总不能反对你做有意义的事吧?至于培尔在物理学上的成就,无须布洛妮亚提,我也知道,我怎会反对你和他结婚呢?爸爸虽然会寂寞些,但这并不是问题,我同意你们的婚事。"

多么宽容的父亲,多么伟大的亲情,玛丽的泪水几乎夺眶而出。

1895年7月26日,玛丽和培尔在老居里的家中举行了婚礼。

这一对学者的婚礼不像一般人那么铺张,仪式简单但气氛隆重。

希拉和父亲也为了参加婚礼,特地从华沙赶来。

婚礼过后,他俩就买了两部脚踏车,一起度蜜月去了。

科学家母亲

玛丽成为"居里夫人"时是27岁,培尔当时36岁。

蜜月回来后,他俩租下了一栋公寓的五楼。每天,培尔都到理化学校授课,玛丽则在实验室工作。傍晚时分,两人一起回家。

他们的屋子里只有书架、桌子和两把简陋的椅子,此外空无一物。因为玛丽认为不必要的东西就不要买,多一样家具就得多费一番功夫去整理,读书时间自然就减少了。

的确,对他们来说,家具简单也有好处,客人没椅子坐就不会久留,这真是打发闲客的良策。

有一天,老居里来看他们,见到屋里的情形,便说:"你们需要什么,尽管说,我买给你们当新婚贺礼。"

玛丽告诉公公她的想法。老居里觉得有点不可思议,但是也被他们不愿浪费一分一秒研究时间的行为而感动万分。

尽管培尔的月薪只有100法郎,但对勤俭持家的玛丽来说,却一点也不觉得清苦;可是,如果为了研究而购买大批参考书的话,就显得拮据了。为了贴补家用,玛丽准备参加中学教师检定考试。

玛丽不是普通的家庭主妇,她是身兼数职。

她必须煮饭、烧菜、洗衣、打扫……还要做实验,并为参加中学教师检定考试而牺牲睡眠时间。

时间很紧迫，玛丽很少有购物的时间。每天早上，她总是在培尔还没起床的时候上菜市场，傍晚和培尔一起回家时，顺路到食品店买东西。

最初，玛丽对做饭深感头痛，因为她从中学毕业后就没有下过厨房，大学时代又过着啃面包的生活，对烹调简直一窍不通。如今结了婚，总不能再那样啊！于是，玛丽经常抽空到姐姐家学做菜，但烹调的功夫是无法速成的，即使照食谱做，也不见得色香味俱全。幸亏凡事大而化之的培尔根本不在意，甚至不曾发现玛丽瞒着他去学烹调。

"怎么样？好吃吗？"

"什么怎么样？我正在想一个方程式！"

为了博得培尔的欢心，两天前她才去学了这道汤的烧法，如今一听培尔的回答，让她啼笑皆非。培尔根本不在乎学问以外的事。

玛丽也是一样，不管家务如何忙碌，研究工作绝不中断。每天用毕晚餐，收拾干净，记好一天的开支后，便开始读书了。

夫妻俩面对面而坐，在石油灯下准备功课。他们家的灯往往过了午夜十二点，甚至到凌晨三点还亮着。

第二年的3月，约瑟夫写了封信给玛丽，告诉她希拉要结婚了，请她回华沙观礼。玛丽看完信立即写了一封复函。

哥哥：

　　来信收悉。我由衷地祝福姐姐快乐幸福，但实在抽不出空回去。

　　我们每天过的是读书、做功课的生活，既不看戏，也不听音乐，没有一丝一毫的娱乐。

　　我们不得不过着如此刻苦自励的俭朴生活，因为我期望能顺利通过检定考试而成为中学教师，这对我们的家庭极有帮助。

　　现在，巴黎正盛开着朱槿，便宜而美丽，因此在我们简陋的公寓中也能点缀着鲜嫩的花朵。

　　最后，请你代我向姐姐道贺，并请原谅我不能前去观礼。

妹玛丽敬上

在闷热的8月，玛丽终于以第一名的成绩通过了教师检定考试。培尔高兴地说："恭喜你啊，玛丽。咱们庆祝庆祝吧，打算上哪儿去玩？"

"骑脚踏车去兜风吧！"

他俩快乐地骑脚踏车到高原地区玩了一趟。虽然生活步调很紧凑，但是他们难以忘怀美丽的大自然。偶尔，他们也会到空气新鲜的乡间去，松弛一下疲惫的精神和肉体，在大自然的抚慰下，重新恢复研究创新的活力。

越过高原，渡过溪涧，在夕阳西下时，他们投宿于乡村旅店。对他们来说，在美丽的月夜骑车兜风，是一件快乐无比的事。

1897年9月12日，玛丽生了一个女儿，名叫伊莲。伊莲后来也获得了诺贝尔奖，但是她在初生之际却瘦弱不堪，常让玛丽操心忙碌。

为了肩负既是人妻、人母，又是学者的重担，玛丽全力以赴，结果由于疲劳过度，累垮了身体。后来经姐夫卡基米尔的诊断，证实罹患肺结核。

坚强的玛丽不禁有点担心，因为她母亲就是由于肺结核去世的。

想起母亲，玛丽的眼眶湿润了。

姐夫劝她安心养病，可一想起静养后瘦骨嶙峋的母亲，她拒绝了。

"我还年轻，才30岁，而且伊莲还小。我必须继续我的研究工作，我要靠自己坚强的意志战胜病魔！"

于是，玛丽请了一个保姆照顾小伊莲。

有时，保姆也带小伊莲逛公园，玛丽偶尔也会陪陪孩子。

虽然请了保姆，但是洗澡、换尿布的事玛丽还是亲自做，因为这是一份令她喜悦的事。

一次，伊莲罹患了百日咳和流行性感冒。孩子痛苦的啼哭弄得玛丽他们无心读书，一连好几夜都守护着小伊莲。

老居里先生（他是个医生）说："由我来照顾伊莲吧，这总比让保姆带着好。"

老居里先生自从伊莲诞生后不久就丧妻，过着鳏居生活。为了照顾伊莲，他决定和他们住在一起。

培尔找到了一个采光好、较为宽敞的公寓，搬了过去。从此，这个家除了年轻的夫妻、可爱的孩子外，还多了个慈祥的爷爷。

这位既是学者又是医生的老人，尽量避免干扰儿子、媳妇读书，只是专心教育小伊莲。

家里既然有人帮忙照料,玛丽又有了新的想法。

她已获得物理、数学学士学位,并完成了法国工业振兴协会委托的钢铁磁性研究,也取得了中学教师的资格,下一步她想做什么呢?她想写博士论文。

培尔和老居里也由衷地鼓励她。日后,玛丽能够走过无限艰辛的道路而迈向成功,成为世界一流的科学家,和他们的谅解和鼓励是分不开的。

仓库实验室

玛丽生性喜欢冒险。小时候,即使要到同一个地方,她也要尝试走不同的路,甚至去寻找别人不知道的路。也可以从日常生活中看出她的这种个性。

她是一个不畏艰难的人,无论遭遇何种困难,自己都能设法解决。如今,她不但想写博士论文,而且也想尝试别人从未做过的研究。她详细阅读了物理、化学界的各种最新实验报告,以便决定研究题目。

终于,她选定了法国物理学家亨利·柏克勒尔的研究报告,展读再三,兴味盎然。

柏克勒尔教授的研究报告在物理学上极富启发性,虽然研究尚未完成,但是很可能成为某种伟大研究的开端。

这些资料使玛丽下定决心,一定要进一步探索柏克勒尔射线。

所谓"柏克勒尔射线"就是当时已公之于世的 X 光的延伸。

柏克勒尔教授认为还有类似 X 光线的东西,于是从事这方面的研究,想不到却意外地发现了金属盐——铀。

奇妙的铀盐,不必给予光的刺激,就能发光。而且,这种不可思议的光可以透过不透明物质(如黑纸),长期放置于黑暗中也能照样发光。

这种罕见的现象,后来被玛丽命名为"放射能"。至于"柏克勒尔射线"的能量是从哪里来的呢?其放射性质又如何呢?

那时欧洲所有的研究所都未进行过此项研究,1896 年亨利·柏克勒尔向法国科学学士院提出的报告是唯一的资料。

对玛丽来说,这是她最感兴趣的研究目标,说不定还会发现新元素呢!

玛丽把这个想法告诉了培尔，培尔很赞同，两人立刻着手共同研究。

但是，实验室要设在哪里呢？经培尔和理化学校校长协商，学校借给他们一间仓库和一间放机械的栈房。

仓库简陋不堪，没有地板，屋顶还会漏雨，夏季闷热难耐，冬天的寒风从缝隙吹入的滋味也不好受，里面只有一块旧黑板、一个晃动不稳的桌子和一个烟囱生锈的壁炉。

早在理化学校还附属于巴黎旧学院时，这里是尸体解剖室，阴暗、潮湿。

湿气重，对玛丽的病体会产生不良的影响，也很可能影响电流计的准确度，但他们别无选择。此后四年，他们一直在这个仓库内从事研究。

刚开始时，玛丽一直很疑惑：到底柏克勒尔射线不可思议的作用是偶然出现的呢，还是铀矿特有的现象？其他物质是否也有同样的现象？如果是的话，那么除了铀之外，就必须再去发掘具有这种特殊现象的其他物质了。

于是，她用矿石一遍又一遍地实验。经过若干次实验，终于在沥青铀矿（铀和镭的原矿）内发现了相当强烈的放射能。

其实，沥青铀矿因含铀，所以具有放射能是当然的；但问题在于此放射能要比铀强4倍以上。这个发现令他们兴奋不已，但真相是什么呢？

是不是其间含有尚未被发现的新元素呢？若真如此，就必须苦心钻研了，因为既没有参考的书籍，也没有人可以求助。

玛丽把她的想法告诉了里普曼教授，想不到她的恩师居然冷淡地说："居里夫人，我也曾听说过你的研究，我认为你的研究方法可能有错，你最好重做。"

玛丽真想告诉他："不，我的研究绝对没有错。"可还是强忍住了这句话，快快地离开了学校。

但是，后来里普曼教授也承认了她的研究价值。1898年4月12日，他在学士院例会上说："玛丽·斯科罗特夫斯基·居里在实验室里发现了一种可能存在的具有强烈放射能的新化学元素。"

这是居里夫妇从仓库实验室向物理学界发出的第一炮。他们研究的目的是想弄清这种元素是什么，以及它在沥青铀矿内的含量有多少。

后来他们发现其含量竟然不及百分之一。虽然含量少之又少，但能放出强大的能量。这个发现震惊了学术界。

接着他们开始分析沥青铀矿,探索能发出这种放射能的成分是什么。最令他们惊异的是,具有放射能的竟有两个新元素。

1898年7月,玛丽终于发现了其中的一个,并用祖国语言波兰文将它命名为"钋"。这是他们向科学界发出的第二炮。

艰苦的研究

居里夫妇的生活和以前一样,除了更加忙碌外,生活条件毫无改善。

玛丽经常利用夏天水果上市季节购买便宜的水果自制成果酱,以便供冬天食用。除了做实验外,玛丽还得煮饭、烧菜、洗衣、照顾小孩和年迈的公公,所以她的手像工人的手那样粗糙。

在发现"钋"的狂喜之余,玛丽也多了些寂寞。因为布洛妮亚和卡基米尔要回波兰开疗养院了,他们想为祖国的肺结核患者服务。

培尔和玛丽的研究工作从来没有间断过。这对因为发现"钋"而名噪世界的夫妇,在5个月后(12月26日)的科学学士院会上,又发表了第二种新元素"镭"。

钋和镭的发现在学术界引起了一场骚动。因为他们所发表的新元素的特性,推翻了长期以来学者们所坚信的物理学的某些法则。在此之前,学者们一直认为放射性物质在吸收了外部光线之后才会发出放射线,但居里夫妇发现的钋和镭的放射线是由本身内部自然放射出来的。

没有一个人见过镭,也没有一个人知道镭的原子量。有许多学者认为世界上不可能有那种没有原子量的物质,因此他们想看看镭的实物。

面对学者们的疑问,居里夫妇也不反对。

如何才能从沥青铀矿中提炼出钋和镭呢?用何种方法来证明新元素的存在呢?这些都是大问题。而且,要提取含量如此低的新元素,需要大量的沥青铀矿,以及巨额的实验费和一个更大的实验室。

沥青铀矿是提取玻璃工业所需铀盐的原料,相当贵重,产于奥地利的某座矿山。

他们推测提取铀之后的残矿内可能含有钋和镭,而且价格比较便宜,于是立刻请求维也纳科学学士院到矿山洽谈。

实际上,奥地利也正为处理这些没有用的残矿而头疼,他们不解地问:"你们要这些东西做什么?如果要,我们可以送你们一吨。"

就这样,问题暂时解决了。而且奥地利方面表示,以后再要购买的话,价格他们自己决定,可他们仍然无法筹到经费。

这种被认为是捕风捉影似的实验,法国政府当然不可能支持,所以只有靠他们自行解决了。

一天早上,一辆运货的马车来到了理化学校,车上装着满满的沥青铀矿。

玛丽穿着工作服,从实验室里兴奋地跑了出来。看着这些附着泥土、稍带茶色的矿石,玛丽的兴奋之情真是难以抑制。

他们一直看着工人卸货。在这世界上,大概也只有他们两人对这件事充满了信心。

此后的四年(玛丽 31 — 35 岁时)是他们探索宇宙奥秘最艰苦的四年。

夏天,浓浓的烟雾充斥着炎热的仓库,刺痛了他们的眼睛和喉咙,汗水夹着尘土浸渍着他们的衣服,污秽不堪。可是他们仍然不懈地烧着锅炉,提炼矿石。

实验室太小了,他们只好把设备搬到室外工作。若是在秋季,遇上巴黎忽来忽去的阵雨,他们又不得不匆匆忙忙地把设备再搬回实验室。

寒冬时节,窗户还得敞开,以免气体无法排出去而导致中毒,因此他们往往冻得连握笔做记录都成了问题。

在有风的日子里,灰尘会吹入室内,吹走重要的卡片;有时工作进行得正顺利,伊莲却发烧生病了。

照顾孩子、老人,洗衣,煮饭……当玛丽把工作一件件做好时,已是晚上十点了。此时,她又不得不开始安排第二天的研究计划表、阅读参考文献……上床时往往已是凌晨两点。

这就是医生嘱咐必须静养的病人该过的生活吗?

第二年、第三年,一直都是这样过的。玛丽认为这样的生活比起在阁楼上啃面包、喝白开水、趴在桌上为准备考试而忙碌的大学生活好多了。

居里夫妇虽然不断地从奥地利购买沥青铀矿做实验,但一直没有结果。

研究工作的困难和生活的艰辛,使培尔灰心了,但玛丽仍以坚强的意志鼓励着他再接再厉。

他们每隔一年便发表一次研究报告,虽然没有什么新的突破,但也是物理学上有关放射能的重要报告,因此颇受人们关注。

这时,一位年轻的化学家安德烈·波恩特地来到了他们的实验室,给予了他们精神上的鼓励。波恩是"锕"元素的发现者,他深知实验的艰苦。

"祝你们成功。"他紧握居里夫妇的手,由衷地祝福他们。

居里夫妇异常高兴。在这最艰难的时候,这位了解他们的同道来访,得到同仁的祝福,简直是雪中送炭,他俩勇气倍增、干劲十足。

他们继续奋斗,可经济状况愈来愈差,存款也没剩多少了。想到这里,两人的心情不由得沉重起来。

一天早上,玛丽正想开始工作,培尔递给她一封信说道:"玛丽,这封信是日内瓦大学寄来的。"玛丽带着疑惑的神情展读了这封信。

培尔·居里先生暨夫人:

　　闻知先生和夫人有关镭的研究,敝人深表钦佩。兹以下列条件聘请两位担任敝校教授并负责指导实验所工作。

一、培尔·居里先生担任物理教授。

　　(年薪一万法郎,房租津贴另计)

二、先生同时指导物理学实验所。

　　(有关实验所需经费面议,实验器材可追加购买,并提供两名研究助理)

三、夫人由实验所给予正式职位。

瑞士日内瓦大学校长

这是一份条件优厚、语气诚挚的聘书。有了一万法郎的薪水,又可添置实验器材,真是从天而降的大好消息啊!

培尔几乎为之所动了,但是,第二天,玛丽对培尔说:"我想了一个晚上,我觉得我们还是不要接受这份聘书比较好。"

培尔为之一愣,但随后也明白了过来,说道:"你说得对,玛丽,我也有同感。假如接了聘书,就得花好几个月来准备课程,无法再做镭的实验了。何况,这个实验要移到国外去,也没那么容易。如果不是远在日内瓦,而是在国内的话,那就可以接受了。"

培尔耸耸肩,无可奈何地叹了口气,又说:"但是,我们还是要为生活另外想想办法。我最近要辞去理化学校的职务,到医科大学预备学校去教书。"

玛丽也说:"原谅我一直瞒着你,我也曾到凡尔赛附近的赛弗尔女子高等学校应聘过。"

"哦,结果呢?"

"他们打算聘我当客座教授,教一、二年级的物理课,从7月29日开始,为期一年。"

"那太好了,可是你会忙不过来的!"

"这也是不得已的事,为了生活嘛!而且镭的实验也不能中断啊!"

艰苦的生活,并没有打败坚强的玛丽。

发现镭

1902年4月,居里夫妇终于敲开了成功之门。这是从发表沥青铀矿里含有镭的研究报告以来,经过了3年9个月,好不容易才获得的结果。

"镭"已呈现在他们的面前了。虽然只有一毫克,却是他们多年的努力和血汗的结晶,也证实了镭这种新元素的确存在,因此这个仓库里的实验室立刻成为举世瞩目的地方。

大收获之后的居里夫妇,激动得一连好几夜都睡不着觉。

"培尔,今晚再去看看镭,怎么样?"

"好啊,走吧。"

已是夜里十点了,老居里和伊莲都睡了。玛丽想起实验室里的那一毫克镭,再也无法静心看书了。

他俩披上外衣,走在寒冷的街道上。寂静的罗蒙街上,两边的窗户里泛着蓝白光圈的瓦斯灯光。

他俩默默地走在街道上,心里想的都是镭。

实验室里一片漆黑,他们像是被桌上唯一的蓝白色磷光所慑住似的,朝着它一步一步地走过去。

放在玻璃盘里的镭,发出蓝白色的光,好像是来自一个遥远陌生的世界。

经历了3年9个月的艰苦尝试，镭终于呈现在眼前了。黑暗中，他俩激动地紧握着颤抖的手，无言地伫立了很久，好不容易才压抑住兴奋而踏上了归途。

一进家门，女管家揉着睡眼说："夫人，您刚才出去时，来了一封电报。"

是约瑟夫从华沙寄来的！玛丽怵然，心头掠过一种不祥的预感。

　　父病危速返　兄

电报上的字，一个个冷冷地映入了她的眼帘。

"啊，爸爸……"玛丽被这突如其来的消息震骇得说不出话来。

"怎么了，爸爸怎么了？"培尔抢过电报，玛丽跌入悲伤的深渊。

"父亲是否收到我前几天寄回去的信呢？"信上，玛丽叙述了"镭"的实验已经成功的消息。

"一直盼着我成功的爸爸，却在我即将成功之际病危了，天呀！"

"爸爸，我会赶回去看您的，请您千万要等一等！"

约瑟夫曾来信告诉玛丽，父亲的胆囊切除了，手术情况良好，所以玛丽颇感欣慰，可是谁晓得事情会是如此呢？

"我必须赶快回去！"玛丽当晚就收拾好行装准备动身。

可是，从法国到俄属波兰必须办理入境手续，玛丽心急如焚。等上了火车，她已是满身大汗了。

北欧的5月是气候最宜人的季节，看着窗外的重山叠岭和花朵满树的田园景色，玛丽根本无心欣赏，她只觉得火车开得好慢、好慢……

"等等我呀，爸爸，我要再见您慈祥的一面。神啊！求您保佑我爸爸。"

玛丽不断地祈祷。可是，就在这个时候，噩耗传来了。

　　父逝　兄

"啊，爸爸，您怎么不等女儿就去了……"

玛丽立刻在车上给哥哥、姐姐拍了电报，请他们务必等她回家再举行父亲的葬礼。

抵达华沙时,父亲已被安置在了花圈围绕的棺木内。玛丽请人拔去钉子,掀开了棺盖。父亲像一尊大理石像似的静静地躺着,嘴巴微张,似乎有话要对玛丽说。

玛丽哽咽了。希拉轻柔地说:"爸爸,您最疼爱的玛丽回来了,您安详地去吧,去天国和妈妈相聚……"

痛彻心扉的玛丽喊了声"爸爸",再也压抑不住心中的悲恸而放声大哭。

玛丽的脑海里不断地浮现出如烟的往事。她想起了16岁那年,要到斯邱基村去的那个飘雪的早晨,父亲送她去车站的情景。

"爸爸,您多保重啊!"

"你也一样,玛丽。"

慈祥的面容,宛如就在眼前。

玛丽又想起了修完物理学士学位回华沙和父亲团聚的情景。

"爸爸……只要获得数学学士学位,我的愿望就实现了,那时我绝不再到别的地方去,一定跟您在一起。"

谁知道事与愿违、命运难料,玛丽不仅没能承欢膝下,就连父亲的最后一面也见不到。

玛丽像孩子似的哭着,跪在父亲的棺木前祈求宽恕。

哥哥、姐姐告诉玛丽,自从她开始做镭的实验以后,父亲就对巴黎科学学士院所发表的实验报告特别感兴趣。至于玛丽写给父亲关于发现镭的那封信,他也收到了,很兴奋,简直是难以形容。

在去世的前6天,父亲曾写了最后的一篇日记,上面说:"玛丽终于发现了镭,万岁!"

儿女们将父亲葬在了母亲的身旁。葬礼过后,玛丽带着悲伤回到了巴黎。

由于长年的积劳和哀伤过度,她的身体再也支撑不住了,一到夜里,总一个人在房里徘徊。她患了轻微的失眠症。

培尔也染患了关节炎,这都是疲劳过度所引起的。

对整个研究过程而言,镭的发现只是向前迈进了一大步而已,离最终的阶段尚有一大段距离。玛丽为了整理实验报告,抱病不断地工作着。为了生活,夫妻俩又不得不到各个学校去做兼职。

就在这样艰苦的生活中,玛丽最终还是完成了"有关放射能物质的研究"的论文。

巴黎大学文理学院组织了三人审查委员会负责审查这篇论文,并对玛丽加以口试。

主考官是玛丽的恩师里普曼教授。师生情谊归情谊,考试还是公正的。

玛丽对委员会提出的问题对答如流,而且态度从容,有时还拿起粉笔,在黑板上画图解或写公式。

口试时,虽然距她发现镭的时间很短,但是由于是发现者亲自解说,所以吸引了不少学术界人士,还有不少的旁听者。

培尔、老居里以及来自华沙的布洛妮亚也都坐在旁听席上,他们专注地聆听玛丽和审查委员会之间的问答。

对于这场口试,主考官和旁听者都很受感动。性情温厚的里普曼教授郑重地宣布说:"本大学决议颁发荣誉奖和物理博士学位给玛丽·居里。"

接着又对玛丽说:"我以论文审查委员的身份向你致以由衷的贺意!"

在全场热烈的掌声中,师生紧紧地握住了双手。

本来,一般人都认为发现镭的主要功臣是培尔,玛丽只不过是助理而已,然而,这次博士考试却改变了大家的看法。

获诺贝尔奖

为什么镭的发现,会成为对学术界的一大冲击呢?

过去的学者始终认为,宇宙间所有物体都是由固定元素所构成,其性质永远不变。自从镭这种新元素被发现后,这种看法被推翻了。

放射性元素本身是不断变化的,当变化达到一半时(半衰期),往往需要很长的时间。例如镭,要1600年。

后来人们又发现,镭的放射线对癌症颇具疗效。此疗法后来被称为"居里疗法"。

1902年,法国科学学士院拨了2万法郎给居里夫妇,请他们从5吨沥青铀矿石中提取镭。

镭所具备的性质极为有趣。在有阳光的地方,看不到它的"磷光";在黑暗中,其亮度却足够用来照明。而且,它的放射线能透过任何不透明的物体。即使将它包在黑纸里面,也能使底片感光;假如用纸或棉花包着,纸和棉花会慢慢腐蚀成粉末,只有厚铅能将其放射线完全遮住。

镭还可用来鉴定钻石的真假。钻石本身不能发光,是靠反射其他光线来"发光"的,若是用镭射线照射钻石,能发出灿烂光芒的就是真的。

镭除了会发射"磷光"之外,还会释放热能。一小时之内,它释放的热量可以融化与其重量相等的冰。假如镭所在之处没有散热装备,它的温度会比周围的温度高出10℃以上。

如果把它放在真空玻璃管内,玻璃会变成蓝紫色或紫色。此外,镭会散发一种奇怪的气体(射气),而且会以固定的法则消失;温泉中就存有射气。

由以上的情况可以知道,镭的发现具有深远的意义。

居里夫妇对镭所做的实验,不计其数;四年之间,总计发表了32篇报告,每次都有强烈的反响。

1903年,英国皇家学士院邀请他们前去演讲。这是英国的最高学府,能被邀请是无上的荣耀,何况玛丽又是第一位被邀请的女性。

夫妇俩带着一粒镭到了英国,给他们做了各种实验,震惊了学术界,名扬了全英国。

一连串的晚宴和欢迎会、香槟酒的祝贺等,使这对不曾涉足过酒宴的夫妇如置身梦境一般。

被包围在珠光宝气的妇人堆中的玛丽,身着被化学药品弄坏了的工作服,也没戴手套,一双因做实验而粗糙不堪的手似乎显得有些不合情调。培尔呢,依然是一身似乎有些陈旧的衣裤。

宴席中,许多人赞颂着他们的成就,而他俩却漫不经心。玛丽还暗数着贵妇人身上的首饰,心中想着:"如果我有这么多钱,不知能做多少镭的实验。"

皇家伦敦协会也授予了他们最高荣誉奖。

对专注于研究的居里夫人来说,奖牌根本没什么意义。再说,陋室内挂金牌总是不相称嘛,所以她把奖牌给了小伊莲当玩具。

有位朋友来访时看到这种情景,很是吃惊,玛丽却说:"这是小伊莲最喜爱的玩具。"

他们对研究的执着和不计名利的态度感动了这位友人，随之也"感动"了整个巴黎。

1903年12月10日，瑞典斯德哥尔摩科学学士院决定把该年的诺贝尔物理奖颁给居里夫妇。

"诺贝尔奖"是瑞典科学家、炸药的发明人阿佛列·诺贝尔创设的。他把庞大的财产存入银行或换成有价证券，在他死后的每年以股息红利赠给对世界有贡献的人。分设物理、化学、生理学或医学、文学、和平和经济学等六个奖项。

由于"柏克勒尔射线"带给了居里夫妇研究的灵感，所以该次的"诺贝尔物理学奖"，就由居里夫妇与亨利·柏克勒尔同享。

本来，接受奖牌的人必须出席演说，但时值寒冬，玛丽因过于劳累而卧床不起，无法到会，只好由法国公使代表居里夫妇参加。

从此，他们的声名传遍了全世界，各国记者纷至沓来。

对他们来说，这实在是一大困扰，从玛丽给哥哥的信上就可以看出。

哥哥：

　　我们获得了一半诺贝尔奖金(6万法郎)，对一向很穷的我们来说，极有帮助，但不知何时才能领到。

　　最近，新闻记者、摄影记者，像洪水般地涌进我们的研究室，使我们无法静心读书，我真想躲到人烟绝迹的地方去。美国曾以很高的酬金邀请我们去巡回演讲，但我们都婉言拒绝了。说真的，光是谢绝为我们举行庆祝会的事，就搞得精疲力竭了。

　　我们需要时间继续努力研究，但是世人为什么不了解我们呢？

妹玛丽

1904年1月2日，诺贝尔奖金终于从瑞典寄来了，培尔因此可以辞去教职，专心致力于研究。

玛丽立刻汇了一笔钱给在华沙开疗养院的姐姐和姐夫。他们本着为穷人服务的宗旨，经营得很艰难。

居里夫妇又把一部分钱捐给了两三个科学学会。凡是从事科学研究的组织,经常会有经费上的困难,这一点他们深有体会。

对于在他们研究室工作的波兰留法女学生,以及自己任教班级里的清寒而优秀的学生,居里夫妇也拿出一部分钱作为奖学金,鼓励他们上进。

此外,玛丽还郑重邀请了在华沙时的恩师来法国一游。

桑多潘老师:

您或许已不记得我了吧?我是玛丽·斯科罗特夫斯基,曾在华沙跟您学过法语,那已是我十四五岁时的往事了。老师亲切的指导,我毕生难忘;老师的谆谆教诲,使我终生受益。

随函所附的钱虽然微不足道,但希望老师能利用这笔钱到巴黎来。

我们的生活一向清苦,此次获得"诺贝尔奖"实在出乎意料,我想以这笔钱聊表对恩师的感激之情。

如果老师能到巴黎来,我不知会有多高兴!期盼老师早点来。

学生玛丽敬上

不久之后,桑多潘老师果真到巴黎来了。师生相见,激动万分,场面十分感人。

居里夫妇把这笔自己辛苦奋斗得来的奖金和更多人共享了,而她自己依旧很节俭,继续在女子高等师范学校任教。

向命运挑战

居里夫妇桌上堆满了来自世界各地的信件。有的询问有关镭的问题,有的邀请他们撰稿或演讲,还有的要求他们转让专利权……加上来访的人,也够他们应付了。

说真的,制造1克的镭需要75万法郎,那么,如果他们申请专利再转让的话,一定可以获得一笔很可观的财产。

在企业家可人的诱惑下,培尔终因生活的窘迫而有点动心了;但坚定的玛丽说:"培尔,能过上富裕而舒适的生活当然很好,可是,我们并不是为了享受才做研究的呀!镭的研究,比我们当初所想的要重要得多,尤其在癌症的治疗方面更是不可缺少的,如果申请专利的话,我良心会不安的。这么重要的东西,我认为我们不应该独占,我想向全世界公开镭的秘密。"

一直静听玛丽说话的培尔,深表赞同,并且很佩服玛丽。他说:"好,我赞成你的看法,不论是谁,只要向我们询问,我们都会告诉他。"

由于居里夫妇毅然放弃了由镭致富的机会,毫不犹豫地将研究成果贡献给了全世界。因此,镭工业很快地扩展到了世界各个国家。

1905年6月,他们前往瑞典斯德哥尔摩访问。

当他们在斯德哥尔摩科学学士院发表有关镭的演讲时,培尔的演讲比过去任何一次都深入,都吸引听众。

由于镭的发现,不仅推翻了物理学上的几个根本原理,而且还揭开了地质学、气象学等领域的某些奥秘。

演讲时,培尔也对将来的问题做了一番详尽的专门性解说,使所有的学者不得不重新评估他们的研究价值。

这趟旅行,由于气候宜人,使得他们夫妇俩的健康情况大为好转,而且所到之处都受到了悉心的照料,这大概是培尔短暂的一生中最幸福的一段岁月吧!

回巴黎后,他们竭力地拒绝不必要的应酬,但是他们响亮的名声实在太吸引人了。

一天晚上,居里夫妇家的客厅内举行了一场前所未有的表演。观赏者目瞪口呆,大声喝彩。培尔、玛丽、伊莲也显得异常高兴。

电灯熄灭了,黝暗的客厅内,一只翅膀上闪烁着蓝白磷光的"蝴蝶"随着美妙的音乐在"花丛"中舞动起来,这是美国著名舞蹈家洛伊莱为了答谢居里夫妇而特意表演的。

原来,她从"镭会在晚上发光"的报道中获得了灵感,设计了一套舞台服,就是给舞台服涂上磷颜料,以达到前所未有的效果。当表演正式推出之后,一时之间,剧场爆满、盛况空前,但是没有人知道,在精彩演出的幕后,竟隐藏着居里夫妇这对学者的智慧。

居里夫妇闻名遐迩,美国及其他国家的大学都尽力地争取他们去讲学,这一来,法国政府也不好再保持缄默了。于是,法国正式聘请培尔·居里为法国科学学士院的会员,并让他担任巴黎大学文理学院的物理学教授,还有15万法郎的实验经费。

不久之后，法国政府在距巴黎大学不远的街上还修建了两座实验室，玛丽担任该实验室的主任。

正当一切都开始顺利的时候，却发生了一件令玛丽伤心欲绝的事。

1906年4月19日星期四，一个阴雨绵绵的日子。雨滴好似仍然残留着冬天的气息。

一大早，为了参加大学午餐会和商讨校正书稿等事，培尔匆匆忙忙地出门了。下午两点时分，他步行去了出版社。

雨，依然滂沱。就在培尔横穿马路时，左右各来了一辆马车，躲避不及的他，不幸地滑倒了，就在此时，悲剧发生了，培尔的头盖骨被车轮辗碎了。

一时间，鲜血染红了马路。交警来了，从死者身上的证件才得知罹难者是居里教授，消息立刻传到了政府当局、巴黎大学和玛丽的家。

亚伯特校长和勃郎教授匆匆赶到居里家，但是玛丽不在。

傍晚六点多，玛丽回来了。当她走到家门口时，一股不祥的感觉占据了她。

"莫非出了什么事？"玛丽一边沉吟，一边推开了房门。只见亚伯特校长、勃郎教授和四五个陌生人，神情哀伤地伫立在屋里。

玛丽的心紧缩了起来，疑惑不安的目光不断地打量着他们。大家木然地望着她，不知该从何说起。

在令人窒息的沉默中，亚伯特校长很艰难地说："夫人，你不要太激动，事情实在太不幸，居里先生出车祸死了。"

"培尔死了？"玛丽一时之间，神情茫然，呆立不动。

"培尔死了！这是真的吗？"玛丽如置身梦境中，大家在谈着培尔出事的情形，可谁也不知道玛丽是否听了进去，因为她始终不言不语、眼神呆滞。

这是个确确实实的悲剧而不是梦！

救护车把培尔的尸体载回来了。今天早上微笑着出门的培尔，现在却头绑着绷带，直挺挺地躺在担架上被抬了回来，这怎能不令玛丽哀恸欲绝呢？

手表、钢笔、研究室的钥匙也被送了回来。手表还滴答、滴答地走着……

玛丽轻轻地吻着培尔的双手和脸颊。

看着他那安详的神态,怎么也不敢相信他竟死得那么惨!

"啊——培尔真的死了吗?"玛丽的热泪如决堤的河水泻了出来。

玛丽回想起从前夫妻俩的谈话:"我们之中,如果有一个死了,另一个也活不下来。"没想到,11年的婚姻刹那间就结束了。

"他走了,我该怎么办呢?""狠心"的培尔竟然就那样地走了,留下了玛丽与9岁的伊莲和2岁的艾芙。往后的日子她该怎么办呢?断翼的鸟,如何才能再在空中飞翔?

"培尔,你为什么要抛下我?我多么想和你一道去呀,可是年幼的伊莲和艾芙怎么办?我们共同研究的镭,又该怎么办?"

玛丽把巨大痛苦宣泄在了日记上。

培尔,各地的吊唁电报、信件,在我的桌上堆积如山,报纸杂志也天天报道你的事迹。但任何劝慰和悼念只会徒增我的哀伤罢了,永远也换不回你的生命。

在棺木中,我放了一张我的相片和院子里的一枝夹竹桃。培尔,你所喜爱的夹竹桃还未开花,实在遗憾啊!

你为了申请研究费的补助和加入学术会员行列,屡遭法国政府和大学教授拒绝。可是,现在他们都向我致歉,并想在葬礼前举行追悼演讲会,我已经予以恳辞了。我知道,不管他们如何颂扬你,你的灵魂也不会高兴的。如果在你生前,政府答应你的请求,那么,在你短暂的一生中,也许会作出更了不起的成就。

一切都太迟了,你再也不会回来开研究室的门了。啊!培尔,我敬爱的丈夫,我最亲切的老师,现在,你把艰难的研究交给了我,我该怎么做才好呢?

我依照你生前的意思,只让你最亲近的人参加了葬礼。只是,教育部长执意要送你,所以也跟了去。

这是历代居里家的墓地,你就葬在母亲身边。你的旁边,就是我将来要去的地方。最后,我在你的棺木上撒了许多花朵……

永别了,培尔。

1906年4月22日

当玛丽合起日记簿的时候,已是深夜时分,不解人事的艾芙睡得正香。

巴黎的晚春,在悲伤中逝去了。

约瑟夫和布洛妮亚接到电报后匆匆赶来,却没赶上葬礼。消息来得太突然了,他们不知该怎样安慰玛丽,只是紧紧握着她的手,谁也没开口。

葬礼结束后,悲痛中的玛丽没有言语,对前来悼念的人只是点点头。她的公公、哥哥、姐姐很担心,怕她想不开而寻短见。

但是,玛丽外表看来好像因哀伤过度而麻木,其实,内心正以坚强的理智治疗着伤口。当她觉得孤寂、想念培尔的时候,就在日记上和培尔说话。

> 培尔,我们分离还没几天,却像已过了一年。
>
> 你的参考书还照样摆在桌上,帽子挂在衣架上,你的表也依旧滴答作响……我尽量使房内的一切和以前一样,好让我觉得你并没有弃我而去。
>
> 培尔,你的大学物理讲座和实验室的遗缺,政府与学校正在协商;而我现在最为惦记的是对实验所应该如何处理和如何继续你的研究。
>
> 政府打算拨一笔养老金给我,但我拒绝了。
>
> 我还年轻,还可以教书,再说,我并未失去抚育伊莲和艾芙成人的勇气。

外表沉默寡言、内心坚强无比的玛丽,并没有被哀伤击倒。

大学当局对这位拥有物理学博士头衔的不凡女性也不敢予以忽视,于是,指定玛丽为实验室主任。至于这个举世瞩目的镭研究实验室的指导者,谁才是恰当的人选呢?为这件事,玛丽在日记上写下了这样的话:

> 培尔,你最要好的朋友杰尔威和杰克认为我能胜任你以前担任的工作,并已向学校寄出了推荐函。
>
> 亚伯特校长也颇表赞同,如真能打破传统,任女性为教授,那实

在是令人惊讶。

这件令人惊异的事,果真发生了。

培尔·居里的物理讲座由其夫人玛丽·居里接任。

虽然只是讲师而非教授,却是法国历史上第一位站上大学讲坛的女性,玛丽百感交集。

我已经接任了你生前的工作,坐上你坐过的椅子,拿起你拿过的教鞭,培尔,我的心里乱极了。可是,想到你经常说的话:"无论发生什么事,无论生活如何痛苦,我们都要共同完成实验。"我有了足够的勇气,所以我接受了校方的聘书。

你离去至今,已快一个月了。插在花瓶内的金雀儿早已盛开,藤花和菖蒲也含苞待放,这些都是你喜爱的花,但我不忍看它们,因为每一朵花都会让我想起你,想起伤心的往事。

培尔·居里之死震撼了全世界,但两个月后,一切又恢复了平静。玛丽也回到了往日的冷静,并且还滋生了一股新的勇气。约瑟夫看见这种情形,放心地回波兰去了,姐姐布洛妮亚也准备走了。

7月,培尔已过世3个月了,布洛妮亚打算第二天就要离去,玛丽把姐姐请入卧房。

天气炎热,壁炉内却火光熊熊。

布洛妮亚疑惑地问:"玛丽,你在做什么?"

"姐姐,请帮我一个忙,这件事除了你之外,我不打算让任何人知道。"

说着,从壁橱里取出了一个包袱,剪断了绳带。

"啊!"布洛妮亚吓了一跳,"这是什么啊?"

包袱内是血渍斑斑的衣裤,培尔惨死当天穿的。

玛丽一言不发地把它们剪碎,放入壁炉中。

染有血渍的布片,随着炉火中蹿起的火舌化为了灰烬。

"让所有的哀伤都随着火焰消失吧,请赐给我生存下去的勇气。"

坚强的玛丽再也抑制不住,抱着布洛妮亚伤心地哭了。

布洛妮亚了解玛丽的心情，帮着她剪碎衣裳，投入壁炉中。

燃烧吧，姐妹俩紧握着双手，呆呆地望着炉火动也不动。

布洛妮亚揉搓着她的头发，缓缓地说："玛丽，一切都过去了。明天起，比以往更艰辛的生活就要来临了，相信你一定会克服的。从小，你就不曾被困难击败，我坚信你一定会比以前更成功的，也许你会很孤寂，但是要忍耐。你是法国第一位大学女讲师，不要忘了，全法国的人都在注视着你的表现；还有，关于镭的单独分离，培尔生前尚未完成，只有你才有可能完成它，培尔在天之灵会护佑你的。玛丽，为了祖国波兰的荣誉，你必须努力！"

这番劝勉的话，使玛丽的心情大为好转。

"姐姐，谢谢你对我这么关心。请你放心，我不会再这样伤心难过下去了。我有培尔遗留下来的事要做，以前是两人共同努力，现在只有我一人，虽然不知要多久才能完成，但我一定会成功的。"

翌日，布洛妮亚离开了巴黎，留下了孤单的玛丽。

为了忘掉过去，重新生活，经过慎重的考虑后，玛丽在巴黎市郊租了一幢有庭院的房子。

培尔结婚以前就住在这一带，他的坟墓也在这里。虽然从这里到大学实验室要搭半小时的火车，但是孩子们在这里可以更近地触摸大自然。

此后，玛丽、伊莲、艾芙和79岁的老居里先生四个人，开始了新的生活。

11月新学期刚开始，玛丽为了准备大学物理课程，花费了整个暑假。

为了做得比培尔更好，也为了不辜负推荐者的好意，她阅读培尔的参考书和笔记，不断地努力；两个孩子也暂时托亲戚照顾。虽然孤单一人时难免寂寞，但她还是鼓足了勇气。

终于，开学了。

11月5日下午1点38分，是第一堂物理课。

一大早，玛丽到培尔坟地献上一束鲜花，悄声说："今天我就要授课了，为了不损害你的名誉，整个暑假我拼命地做准备。身为女性，我不知能否胜任，实在是有点担心，但我从来没有失去信心。为了维护诺贝尔奖得主的荣誉，我一定要好好做，请你在天之灵保佑我。"

物理学教室里早已坐满了学生，想旁听的人也从走廊排到校园。

玛丽是法国有史以来的第一位女讲师,又是悲剧的女主角、诺贝尔奖的得主,闻名遐迩,加之今天的课程又是有关镭放射能的说明,所以前来听课的不只是学生,还有大学教授、新闻记者、社会人士等。

上课铃声响了,玛丽轻轻地推开教室的门,顿时,一片沉寂。

玛丽走上讲台,微微鞠了个躬,随之便响起了如雷般的掌声。

掌声停止了。大家屏息静气,想听听她第一句话会说什么。

"在物理学领域里,这十年来所取得进步……"

玛丽以沉着、坚定的声音,从培尔最后一堂课的这句话开始讲起。这节课所讲的是有关原子分裂和放射性质的新学说。

下课了,伴着疯狂的掌声,她走出了教室。

这是多么成功的一堂课,学校对她的学问给了很高的评价。

除了讲课,玛丽还必须到实验室指导研究。

从实验的计划到研究结果的报告,即使健壮的男人也难以胜任,可是玛丽决定全力以赴。

现在所做的就是居里夫妇尚未完成的"镭的单独提取"。工作的艰巨、实验的困难,比准备功课更辛苦。

她的劳累与日俱增,常因脑贫血在实验室和家里晕倒。健康状况不佳的人,是不能担任这种工作的,但是,没有人能代替玛丽。玛丽有坚强的信念,决心要继承培尔的遗志,即使为学问而倒下也在所不惜。何况她还有教育伊莲和艾芙的责任!

玛丽对一般母亲的教育方法很不以为然,总认为她们太宠孩子,也缺乏对孩子的知识灌输。那么,玛丽是怎么教小孩的呢?

晚春的一天,巴黎的郊外雷电交加大雨滂沱,10岁的伊莲害怕地躲在被窝里。玛丽一把掀开棉被,伊莲随即扑向玛丽怀里说:"妈妈,我好害怕!"

玛丽强迫伊莲坐在椅子上,然后以浅显的方式告诉她雷电的原因。

"妈妈,如果雷落到我们家,怎么办?"

"不会的,因为我们家有避雷针。"

"可是……如果掉到别人家,会发生火灾的。"

"不会的,大家的屋子都是砖头建的。"

"可是……我讨厌闪电……"

玛丽拉上窗帘说:"这样,光就进不来了。"

"妈妈,那么,雷的声音不是恶魔的声音喽?"

"嗯,那是电的作用。恶魔从怀里拿出光珠的说法是骗人的。"

"那么,雷会抓小孩也是骗人的喽?"

"是啊,雷怎么会抓人呢?"

这时,伊莲紧张的情绪缓和多了。

"打雷时,大家都往屋里跑,我以为他们是怕被恶魔抓去。"

"不是,那是因为打雷时在外面很危险,尤其在大树下更危险,所以大家都跑到屋里来。屋子有避雷针,就不怕打雷了。"

"我知道了,妈妈,我不怕了。"

玛丽对神怪故事最厌恶,如果有谁在孩子面前谈鬼怪,她一定会毫不客气地责备他,并且撕毁所有鬼怪书刊。

别人的小孩怕黑暗,不敢在关灯的房里睡觉。但伊莲和艾芙从妈妈那里知道,黑暗的地方也没有鬼怪,所以敢自己一个人上楼睡觉,而且即使晚上有事外出也不害怕。伊莲甚至可以单独一人搭火车到遥远的亲戚家去。

玛丽除了注意孩子的精神健康之外,也关心她们的身体健康。她在院子里设置了单杠、秋千、跳环等让孩子们玩,又送她们到体操学校锻炼身体。

每个星期日的下午,是孩子们最快乐的时候。

"妈,脚踏车的轮胎打好气了。"

"好,那么我们走吧!"

于是,母女三人各骑一部脚踏车到郊外去玩。

最小的艾芙,不服输地猛踩着踏板。

凉风吹拂在她们汗湿的额头和红热的脸颊上。

到草原采撷野花、在溪涧濯足、在阳光照耀的草坪上吃点心。

晚餐时,桌上的花瓶里插着从郊外摘回来的花,芬芳四溢;老居里也兴致勃勃地听着孙女们谈论郊游的趣事。

这时候,玛丽最快乐。

她知道运动是心灵创伤最好的治疗剂,因此苦心安排时间,陪孩子们运动,不让她们有失去父亲的孤寂和缺憾。

她还经常利用暑假带孩子们到海边去学游泳,因此她们都很健康、强壮。

培尔去世4年后,正当玛丽的生活渐趋平静幸福的时候,又一件不幸的事降临了。

1910年2月25日,老居里因肺炎去世了。虽然玛丽曾竭力照顾好老居里,但是不幸还是发生了,居里家的墓园里又增添了一座新坟。

伊莲和艾芙失去了慈祥和蔼的爷爷,非常痛苦,玛丽只好把她们托付给女管家照料。

波兰的哥哥姐姐经常想尽办法帮助玛丽,尤其是希拉,经常来照顾她们。小艾芙最爱希拉阿姨,当阿姨在时,她绝不会去吵正在做实验的母亲。

孩子虽然没有父亲,可是玛丽绝不宠溺她们。她的管教方式很特别,当孩子不听话时,她并不体罚她们,而是一两天不理她们。这种处罚使孩子受不了,不得不向母亲道歉。但处罚她们时,最感痛苦的还是玛丽自己。

再度获奖

培尔去世之后,在实验室孤军奋斗的玛丽,得到了意外的援助。

美国钢铁大王安福·卡耐基提供了她数年研究费用,使研究设备得以改善,并增加了研究员。

此外,安德烈·杜比恩经常协助她研究。后来玛丽能够成功地将镭单独提取出来,杜比恩是功不可没的。

终于,成功的一天来临了。玛丽荣获了1911年的诺贝尔化学奖。

一生中荣获两次诺贝尔奖,史无前例。

失去可以依赖的丈夫,又得独力养育小孩的玛丽,在简陋的实验室里撑着瘦弱的身体做实验,常因积劳而晕厥,而且经常还受到法国学士院的歧视(他们说她不是法国人,是亡国的波兰人,而且是个女人)。玛丽是有苦难言啊!

但是,她终于成功了。四年的努力,总算开花结果了。那时,她正好43岁。

为了参加颁奖典礼,她请了布洛妮亚陪同她和伊莲前往斯德哥尔摩。

一路上,她们各自怀着不同的心情。

伊莲只要一想到瑞典国王将要亲自颁奖给母亲时,就觉得母亲好伟大,内心不禁充满了骄傲和幸福。

布洛妮亚却回想起了有关玛丽的往事。当年在小阁楼里不眠不休地苦学,不饮不食而晕厥的妹妹,如今已是两次诺贝尔奖的得主了。去世的父母亲如果看到这份荣耀的话,该有多高兴啊!

母亲去世那年,玛丽还只是个 10 岁的孩子……想着、想着,布洛妮亚禁不住悄悄地抹起了眼泪。

玛丽在想些什么呢?她想起了死去的培尔,想起了四年前和培尔到瑞典去的情景……今天,她又要到斯德哥尔摩去了,世事真难预料啊!

获奖之后,玛丽发表了感言,她说:"我今天所获得的荣誉,是我和丈夫共同研究的结果,我要把诸位给予我的赞语,转赠给我的丈夫培尔·居里先生。"

回到巴黎之后,玛丽因旅途的劳累而病倒了,加之她的身体本来就不太好,所以,医生劝她静养两个月。赶来看她的希拉、布洛妮亚、约瑟夫见她骨瘦如柴,都十分担心。还有一位朋友劝她带着伊莲和艾芙到英法海峡附近的一栋别墅去静养。

有一天,玛丽突然收到了一封来自华沙的信。

那时俄国对波兰的管制已有所放宽。在这种情况下,华沙大学建立了一所放射能实验所,请她回国指导。

接信不久之后,华沙大学的教授也千里迢迢到巴黎来拜访她。

玛丽当然也想为祖国贡献一份力量。培尔健在时,法国政府就一直漠视他们。现在,虽然她再次获得了诺贝尔奖,但是法国政府的态度仍然没有改变,研究设备仍然不够完善。如果能在祖国从事自由的研究,总比在巴黎这种恶劣的条件之下好得多。

玛丽有些犹豫,最后还是决定留在巴黎继续奋斗,但她仍然选派了两位优秀的助理去了华沙。

1913 年,华沙放射能馆落成。玛丽抱病返回华沙参加了盛会,受到了波兰全国上下的热烈欢迎。演讲时,她总不忘强调一句:"波兰总有一天会摆脱铁蹄的蹂躏而走向光明。"

这次归国最令她兴奋的是遇见了中学时代的校长。

"校长,您好。"玛丽激动得紧握着这位白发苍苍的老妇的手,半晌说不出话来,在场的人都被这一幕感动得鼓起掌来。

那年的秋天,玛丽前往英国伯明翰大学接受荣誉博士学位。

同年,巴黎大学文理学院校长里奥博士及巴斯特研究所所长卢博士共同出资创立了"镭研究所"。

此研究所分两部分:一部分是放射能实验所,由玛丽负责;另一部分是生物学研究和"居里疗法"实验所,由克劳鲁格主持。

1914年7月,建筑家雷诺设计的现代化研究所"居里馆"落成。

当玛丽恢复了健康,要返回实验所展开研究工作时,第一次世界大战爆发了。

访问美国

当世界再度恢复和平,实验所的工作又开始了,各个成员埋首于研究中,就像不曾受到战争干扰似的。

玛丽把战争中所得到的经验运用在和平之世,也就是使"居里疗法"更普及。但是,50多岁的玛丽身体状况大不如从前,不得不利用暑假多休息。

她最喜欢英法海峡之畔的避暑地,她们学校的教授也经常在暑假来此度假。

海岸点缀着大小无数的岛屿,如画一般,美丽极了。玛丽选定了一所视野最佳的别墅住了下来。暑期过去,新的学期临近,玛丽恢复了健康。

1921年5月,玛丽带着两个女儿去了美国。

原来,纽约数家杂志的编辑美洛妮夫人向全美国知识界呼吁,募集"玛丽·居里镭基金",当时已募集了10万美元的款项,足够买1克的镭赠送给居里夫人,而且决定由总统在白宫亲自颁赠。

居里夫人为了答谢美国各界的热忱关怀,抱着虚弱的病体,千里迢迢来到了美国。

玛丽自身连1克的镭都没有,唯一的那1克还是实验室的。如果她申请专利,早就富甲天下了,但她始终认为,对人类幸福有益的研究,不能当作赚钱的工具。这件事在前面已提过,所以居里夫妇一开始就把镭的制法公之于世了。因此，凡是富裕而设备完善的地方就可制镭，像美国就已制出了 50 克镭。

为了表达对这位女科学家的崇拜，美国方面发起了前述的"玛丽·居里镭基金"的募捐活动。

当玛丽打算前往美国访问时，法国政府想颁给她一个勋章，但是被她拒绝了，她要以私人的身份前往美国。

为了这趟旅行访问，玛丽听了伊莲的劝告，添置了一件新衣，但她们三人的行李就只有一个皮箱而已。

船驶入码头时，岸上早已挤满了欢迎的人群，她们站在甲板上看到这一幕，惊呆了。

其实，早在船尚未入港的 5 个小时以前，港口已经挤得水泄不通了。其中有新闻记者、摄影记者、女学生团体、女童军团体等，人人手里都拿着红、白蔷薇花。此外，美国、法国、波兰的国旗也宛如海浪似的飘扬着。

大家都争先恐后，想一睹这位伟人的庐山真面目。母女三人好不容易才冲出重围，到美洛妮夫人家去。

美洛妮夫人的房里有一盆绽放得艳丽夺人的花，美洛妮说："居里夫人，这盆花是镭的力量使它开放的。"

"哦？……"

"是的。这盆蔷薇是一位园艺家栽植的，他得了癌症，用'居里疗法'治好了。为了报答你，他在数月前就开始精心培育这盆花，以便你前来访问时，刚好能看到它的盛开。"

"哦，原来如此。"玛丽既兴奋又感动。

大伙儿正闹哄哄地为她们安排旅程表。事实上，各大学的授予荣誉博士学位的典礼、大都市欢迎会等，早已排得满满的了。

5 月 13 日，是行程的开始。

在纽约女子大学主办的欢迎会上，学校代表轮流向居里夫人献上了他们的鲜花和纪念品等，并赠予"纽约的荣誉市民"钥匙。

与会者有各大学的著名教授、法国及波兰的大使，最令玛丽感动的是波兰第一任总统也前来参加盛会。

这位总统就是当年在巴黎举行音乐会的无名音乐家，玛丽曾与姐姐和姐夫一起去捧场过。

当年在音乐厅中的,一个是苦学的留学生,一个是流亡的音乐家;30年后的今天,他们重逢时,一个已是诺贝尔奖的得主,另一个是波兰的总统。

5月20日,美国总统哈定代表美国把1克镭赠给居里夫人。

事实上,镭还存放在工厂的保险箱内,颁赠仪式中的铅盒内只是镭的模型而已。

颁赠仪式是在当天下午4时进行的。以哈定总统夫人为先导,接着是法国大使、居里夫人、哈定总统、伊莲、艾芙、美洛妮夫人陆续进场了。

场内早已坐满了各大学的代表、各国的外交官和陆海空三军的官员。铅盒摆在桌子的正中央。

典礼结束后,哈定总统以"献身于艰苦工作的妇女"来形容居里夫人,并把一串挂有钥匙的金项链套在她的脖子上。这是开保险箱的钥匙。

报纸报道了这件事。第二天,更令人震惊的事发生了。

居里夫人婉言拒绝了总统所颁赠的镭,并把镭转赠给了研究所。她说:"我要把我的一切献给人类。"

听到这些话语,谁能不佩服得五体投地呢?

此后,在行程之中,居里夫人到处受到最疯狂、最热烈的欢迎。某报曾以担心的口吻报导说:"我们如此疯狂,是否要将居里夫人置于死地?"

事实上,玛丽确实有点体力不支了。从早到晚和欢迎的人握手,她的手已痛得举不起来,得用绷带架着。由于过度疲惫,她只好谢绝了西部的欢迎会。

最后一个欢迎会是在芝加哥的波兰人街举行的。当地所有的波兰人都参加了欢迎会,以便一睹"祖国闪亮的星"的真面目。男女老幼都为能在异乡异地看到驰名世界的同胞而感动得热泪盈眶,大家紧紧地围着她,高唱波兰国歌。

6月28日,居里夫人和伊莲、艾芙再度搭上"奥林匹克号"返回法国,惜别的电报和花束堆满了船舱。

她要转赠给研究所的镭就放在船上的保险箱内,跟着她向西航行。

为科学奉献

60 岁时,玛丽仍是那样执着,她对研究的热衷一点都没有减退。

每天上午 9 时 15 分,总是会有一部汽车停在玛丽的公寓旁,按三下喇叭,玛丽闻声立刻披上外衣、戴好帽子下楼,坐上车子到实验所去,直到夜里七八点,甚至过了午夜才回来。

"妈,您年纪大了,不要太累。"

艾芙很替母亲担心,但玛丽说:"不会的,我一天有 40 分钟的休息时间呢!"

当时,长女伊莲已和在研究所工作的物理学者杰里欧结婚了,生了一个女孩艾莲。玛丽每天都抽空到公园去陪小孙女艾莲玩 40 分钟,这就是她所谓的休息。

玛丽经常收到来自世界各地的纪念品,所以屋里是琳琅满目,有美丽的水彩画、珍奇的花瓶、富于情调的地毯……旅游世界归国的人还写信告诉玛丽,在中国某个地方的孔庙内也挂有她的相片。

1923 年 12 月 26 日,从居里夫人的公寓内传出了阵阵笑语。原来,年老的四兄妹又团聚在一起了,玛丽不禁高兴地大声欢笑。

他们谈的是当天大学里召开"发现镭 25 周年纪念会"的情景。哥哥捋着雪白的胡子说:"玛丽,今天法国总统说:'有这么一位伟大的居里夫人,是法国无上的光荣。'那时我心里想,要是爸爸在世的话,他听到这句话一定会说:'才不是!玛丽是波兰人,是我的女儿。'……"大家不禁又笑成一团。

法国这次居然以国家的名义对玛丽加以表彰,还颁给她"国家奖"及 4 万法郎的养老金。

三兄妹听到这消息后,一起赶到巴黎来参加盛典。看见玛丽和伊莲、艾芙以贵宾的身份接受法国人士的祝贺时,他们真是兴奋得无以复加。

这一天,可以说是他们四兄妹最快乐的一天。小时候,住在华沙女子学校宿舍玩家家酒的孩子们,现在都已经是六七十岁的老人了,可是大家仍像孩子般天真地谈笑着。

布洛妮亚突然想起一件事:"玛丽,你还有一件事没做。"

"什么事？"

"记得吗？那是三年前的事了。华沙镭研究所开工那天，你不是回来过吗？明年春天这个研究所就要落成了，这是波兰人为了表达对你的敬意而建的，到时候你一定要回来。"

玛丽很兴奋地说："我一定回去，听说规模比我当初设计的还要大。我真想回华沙，希拉也会做她拿手的波兰饼给我吃。"

希拉哈哈大笑："波兰饼？……哈哈！玛丽好用功，我一定做一些给你吃……哈哈！"

约瑟夫插嘴说："是啊，玛丽最爱吃波兰饼了。"

"头发上系着红丝带，向妈妈吵着要吃波兰饼，玛丽，那时你才7岁吧？"

布洛妮亚话题一转，兴致勃勃地说："明年等你回华沙，我们再到维斯杜拉河去划船，怎么样？"

"好啊，我每年夏天都在海滨划船，我相信我的技术还不赖！"

"玛丽，桨可不是镭噢，你不要搞错！"约瑟夫的幽默引得大家哄堂大笑。

"波兰镭研究所"落成时，玛丽果真回到了华沙。

盛大的欢迎会过后，他们四人就到维斯杜拉河去划船，过了最愉快的一天。这是玛丽最难以忘怀的故乡，但这也是玛丽最后一次回故乡了。

1933年12月，65岁的玛丽病倒了，经X光检查，她患了胆囊结石。

她想到父亲当年也是因此病开刀而不治，所以不愿动手术，只打算静养一段时间，后来果真慢慢恢复健康了，甚至还能去溜冰、滑雪呢。

她对自己的健康情形更有信心了，于是开始从事有关放射能的著述，也开始了"锕X"分离的艰难研究。

她每天早出晚归，比以前更努力了，一心一意地研究着。

她不听周围人的劝告，在寒冷的季节，为了避免温度变化影响实验竟不生炉火。

或许她自知时日不多了吧，所以才加倍努力。终于，她完成了"锕X"的分离工作。

1934年4月复活节时，布洛妮亚出其不意地来巴黎看望她。玛丽高兴地带着她到法国南部旅行，她们参观了许多名胜古迹。

"姐姐，以前我和培尔曾经相约，打算到法国南部观光，这个愿望一直没有实现。这次我带你来这里，可以说把法国的名胜古迹都看遍了，我的心愿已了，死无遗憾了。"

"玛丽，好好的为什么说这种话？人生70才开始呀！"

"镭的研究有了相当的进展，祖国也独立了，孩子们也已经长大了，我觉得力量也慢慢地从我身体里消失了。"

"乐观点，不要说这种话。全世界的人都还在注意着你的研究呢，不要这么软弱！平常都是你在鼓励我，怎么这次反倒让我安慰起你来呢？"

"其实我还不想死，我还想研究镭，希望能另有新贡献……可是，我的身体不行了。"

"那是因为你太累了，多休养就会好转的。"

旅行就在这次不吉利的交谈中结束了。回别墅以后，玛丽突然像患了感冒一样寒战，布洛妮亚赶紧生炉火。突然，玛丽抖了一下，倒在布洛妮亚的手上，布洛妮亚吓坏了，赶紧抱着她。这时，玛丽却像孩子似的哭了起来。

"玛丽，不要哭，只是小感冒，不要紧的。"

玛丽止住了哭泣，无力地说："姐姐，今晚这里是不是只有咱们俩？……"

"是啊，你振作一点。"

"姐姐，我不是感冒。我最近常这样，可能是镭射线辐射的缘故，这件事我一直都没对任何人说过。"

"玛丽，你胡说些什么？最近你老是说这些……你是感冒了，休息四五天就会好的，那时我们再回巴黎！"

如果真是受到镭射线的侵害，那就是医学界的严重问题了，布洛妮亚和玛丽都不想谈论这个问题。

过了几天，由于气候暖和，玛丽精神好转了，于是又回到巴黎。

布洛妮亚为玛丽请了一位权威的医生，诊断为感冒。忐忑不安的她，回波兰时，虽然看见到车站送行的玛丽气色很好，但一想到别墅里的那一幕，她也就有些不安了。

"玛丽，你多保重。"

"嗯,姐姐,你也要保重。"

姐妹俩在月台上吻别,两人的眼里都溢满了泪水。谁知道,这竟是最后一别!

6月底,玛丽又病倒了。经 X 光照射,发现她年轻时患肺结核的部位有发炎,大家都劝她到疗养院去。

小女儿艾芙揉搓着她瘦削的肩膀说:"妈,我陪您去吧!您看起来很疲倦,暂时到疗养院静养一下也好。8月里,伊莲会回来看您,我也会请阿姨来陪您。"

玛丽这次倒是很爽快地答应了。

"好吧,实验所的锕要密封好,等我回来以后继续研究。"

到疗养院之前,艾芙先请了法国四位权威医生给玛丽作了诊断,都认为是肺结核复发。既然如此,艾芙也无法可想,只好收拾行装,准备和母亲到疗养院去。

火车抵达圣杰尔巴车站时,玛丽已昏迷不醒了。

居里夫人生命垂危!这个消息震撼了全世界。

疗养院从瑞士的日内瓦请来了一位有名的医生洛克博士,经详细的血液检查,发现玛丽的红细胞和白细胞的数量比正常情况下的低了很多,病名是"恶性贫血症"。

时常高烧至40℃的玛丽有时也会清醒过来,自己看看体温计。她也许自知不行了,但是艾芙不敢通知亲戚,怕他们一来,更使病人绝望。

7月3日上午,烧退了,玛丽也舒服多了,或许这就是回光返照吧。

玛丽徐徐地说:"使我精神好多的不是药,而是高山的清新空气。我多想赶快回巴黎,去看看放射能的原稿。"

她始终记挂着出书的事。但是,7月4日,当阳光把疗养院周围的山染成蔷薇色的时候,玛丽·居里蒙神宠召,与世长辞了!连她的兄弟姐妹都没赶上见她最后一面。她死于"恶性贫血症",这是长期受到镭的照射,导致红、白细胞被破坏的缘故。

1934年7月6日,一个天气晴朗的下午,玛丽的棺木被埋葬在巴黎郊外的居里祖坟中,培尔就在她的旁边。

约瑟夫和布洛妮亚各把一抔土撒入墓穴,轻声说道:"玛丽,这是你生前最热爱的祖国的泥土……"

附三 诺贝尔与炸药

发明狂父亲

阿佛列·诺贝尔的名字,听起来很像英国人的名字,因此有些人怀疑他的祖先是迁居瑞典的英国移民,事实上他是地道的土生土长的瑞典人。他历代的祖先都是姓诺贝尔利物斯的,但不知为何从他的祖父起就姓诺贝尔了。

这个故事的主角,就是发明炸药且创设诺贝尔奖的阿佛列·诺贝尔。

阿佛列的父亲伊马尼尔·诺贝尔是个疯狂的发明家,一生中有过不少的发明。深受父亲影响的阿佛列·诺贝尔是在后天的优良条件下成为历史上伟大的发明家,自是意料中的事。

伊马尼尔生长在一个贫穷的家庭,没有上学的机会,年轻时就在一艘货船上当打杂的小工。但是他并没有放弃。经过不懈的努力,他终于在18岁那年顺利地考取了瑞典首都斯德哥尔摩的一所工业学校,并靠着奖学金以优异的成绩完成了学业,如愿地成为一名建筑师,圆了他年轻时的梦。真是个天才!

伊马尼尔有些与众不同,他特别喜欢发明创造,经常为研究新的机械而忙碌。他曾经在机械的改良上获得过几项专利,但都未能被普及应用。这极大地影响了他在建筑方面的发展,所以日子依然过得窘迫。

生活虽然过得艰难,但是安莉艾特·亚尔茜尔小姐仍愿意嫁给伊马尼尔,与他同甘共苦,还为诺贝尔家生了三个儿子罗勃特、路德伊希和阿佛列。

伊马尼尔是一位建筑师,即使再穷,仍然为自己建了一栋小屋,并为他狂热的喜好设计了一间研究室。可惜他的发明多半趋于理想而忽略了实用价值,不受大众欢迎。

有一天,他拿着一个偌大的橡皮袋出现在太太与三个儿子的面前,说:"大家看这是什么?"

"我知道,一定是帐篷!""才不是呢,是登山袋!"

孩子们猜测着。

"哈哈,你们都很聪明,它是帐篷也是登山袋。看!穿起来又像是防雨的披风。"

"哇,太好了,爸爸!"孩子们高兴地嚷着。

"嗯,不只这样,它还可以浮在水面上用来渡河呢!"

"好棒哦,真是探险的好工具。"

"不、不、不,这是为军队设计的,是行军时最方便的用品。"

像这样既方便又有用的袋子,却没有一个国家的军队对它感兴趣。

1833年,也就是阿佛列出生的那一年,一场火灾致使那本就不富裕的家庭陷入了极度的困境。伊马尼尔虽拼命地工作,但都事与愿违。在无以为生的情形下,伊马尼尔于1837年离开妻儿,只身去了芬兰。在芬兰他仍未能谋得好的职业,于是又辗转去了俄国。终于,在彼得堡他找到一份工作,使他的发明才能得以发芽、生长,为日后的成功奠定了基础。

他的成功不仅改善了家庭经济状况,而且给阿佛列的成长创造了一个良好的外部环境。

阿佛列·诺贝尔出生于1833年10月22日。当时他们一家人的生活极为困苦。由于营养不良,瘦小柔弱的阿佛列经常感冒、发烧,使父母操碎了心,但他天资聪慧,深得父母的喜爱。

8岁时,他上小学了。由于身体虚弱,所以经常请假。但他聪明过人,学业非但没有落后,反而比其他同学还优秀。

"这孩子经常生病,恐怕跟不上学校的进度。"母亲忧虑地对老师说。

"这您尽管放心,他聪明好学,功课一向很好,尤其是作文。虽然他父亲是学建筑的,但他以后恐怕会和父亲走相反的道路,成为一位优秀的文学家。"老师安慰着诺贝尔的母亲说。

由于身体瘦弱,经常生病,阿佛列没有太多的玩伴。他经常独自玩耍，不像一般小孩子那样活泼。他喜欢安静地看童话故事，喜欢到草原上散步，喜欢……

阿佛列的外婆很疼爱阿佛列，经常给他讲童话故事。而他呢，总是乖巧地静静聆听，脑海里充满了无尽的遐想。

也许是这个原因，激发了阿佛列的幻想，使他也想到父亲所在的遥远的俄国去。

在他幼小的心灵中所燃起的无数幻想，可能就是日后发明创造的胚芽吧！

校园里，他时常独自坐在树荫下看天空中变幻不定的云彩，观察地面上昆虫的各种动态。因此老师很有把握地断定他将来必定会成为诗人或文学家。老师的看法确实有几分对，他对文学的兴趣极其浓厚，曾创作过诗和小说。但这种单独玩耍的个性以及对大自然观察入微的情形，其实是他将来长大后细心研究和发明能力的雏形。

父亲到俄国，一转眼已有三年的时间了，阿佛列也已9岁了。就在这一年秋天，家人收到了父亲从俄国寄来的信。

这是一个多么令人兴奋的消息，也是家人长久以来最大的期盼与愿望，他们终于能和父亲团圆了！

父亲在信中对昔日家中艰难的生活向家人表示了极大的歉意，并说了最值得庆幸的是全家人就要在俄国共同创造美好的生活了。

伊马尼尔在彼得堡已拥有了制造军用机械的工厂，身为瑞典籍的发明家，深受俄国的重视。

"太好了！""我们就要和爸爸见面了！""彼得堡是一个很大的城市吧！"

大家兴高采烈地揣测着，憧憬着未来。

这年，老大罗勃特13岁，老二路德伊希11岁，阿佛列9岁。一家人为了准备搬家而忙碌起来。

1843年10月22日，也就是阿佛列10岁生日那天，一家大小抱着无限的欢乐和希望离开了瑞典，乘坐着轮船驶向俄国的彼得堡。

玩烟火的孩子

彼得堡市街中心有高耸的寺塔和圆形的屋顶，屋顶上直立的尖柱和建筑物间石砌的大道,都与瑞典迥然不同。

他们乘坐的马车轻快地奔跑着,不时发出喀啦喀啦的声音像为他们喝彩。

骨肉重逢,诺贝尔一家人再也隐藏不住内心的兴奋和喜悦,脸上露出了无尽的笑意。孩子们更是左顾右盼,对异国大城市中的每一件事物都感到惊奇。

伊马尼尔看着已长大的孩子们,尤其是看见活泼、健康、快乐的阿佛列,心中无比欣慰。

"嘿,你们都长高了,阿佛列,听说你的成绩一向很不错!"

"爸爸才棒呢,而且也比以前强健了!"

"哈哈,工作顺利,自然也就心宽体胖了。待会儿回到家后带你们去参观工厂,好不好?"

"哇,好啊!爸爸的工厂是做什么的?"

"制造火药。"

"太棒了!"

孩子们高兴地指手画脚。

"爸爸,火药是装大炮用的吗?"

"不错,是装在大炮、枪和水雷里面的。"

"什么是水雷?"

"是一种埋藏在水面下的不动的鱼雷,当不知情的船舰通过时,会因触碰而发生爆炸,把船舰摧毁。"

在摇晃不定的马车中,阿佛列仔细听着父亲和哥哥们的对话,眼睛还不停地浏览两旁奇特的景致。

不久,他们到家了。

"今后你们三兄弟要彼此勉励,努力求学,才能成就比父亲更伟大的事业。你将来打算做什么?罗勒特!"

"我一定要成为伟大的技师!"

"老二,你呢?"

"我们家向来很穷,所以我要做一个大企业家,赚很多很多的钱。"

"爸,我将来要做发明家!"阿佛列不甘落后地抢着说。

"好了,好了,将来想做什么都可以,目前最重要的是好好用功读书。"母亲严肃地说。

"在彼得堡可有好的学校?"

"当然有,但你们还不懂俄语,所以我们要先请一位老师教你们学俄语。"

就在第二天,父亲为他们请了一位俄语老师。三个兄弟都非常聪明,尤其是阿佛列,年纪虽小,成绩却不亚于两位哥哥。

"阿佛列,你很有语言天才,俄语竟学得这么棒!"

"学外语很有趣呀!"

"很好,俄语学会后我再教你英语、德语。"

"一定哦! 老师您一定要教我哦!"

阿佛列就这样,除了俄语,他又学会了多种外语。

哥哥们因年纪较长,所以课业做完后,还得到爸爸的工厂里实地学习操纵各种机械或帮忙处理办公室的事务。

"我真以你们为荣,你们的确不愧是我的儿子。只要大家努力不懈、合作无间,相信不久我们就可拥有规模更大的工厂了。"

伊马尼尔对孩子们的学习情况满意而骄傲。

"阿佛列,你对语言很感兴趣吗? 那么你可以读各国有关科学的著作,将来做一个伟大的发明家。"

阿佛列喜欢博览各种书籍,虽然还没有正式入学,但在家里就学到了丰富的知识,尤其是有关科学研究的基本原理。他也因此掌握了一般小孩所没有的知识。

阿佛列不仅阅读机械、物理、化学方面的书,而且更喜欢文学,偶尔还能作诗自娱。

有时和哥哥们到爸爸的工厂去,阿佛列总是被那些转动中的机器深深地吸引,但他又发现了更有趣更好玩的东西,那就是要装入水雷的火药。

当时的火药,无论是用于枪或水雷,全都是黑色的。

阿佛列想偷偷地带些火药回家,为了避免让爸爸发现而挨骂,他经常把火药放入纸袋中悄悄带走。

阿佛列用带回家的火药做烟火,他把火药放进纸筒里,然后竖立在草地上点火,"咻——"火药在黑暗的夜晚中喷出了美丽的火花。

他又模仿父亲的发明,尝试着做地雷来玩。他先把火药用纸包成圆团,再把韧性好、不易破的纸搓成长条,作为导火线,然后将导火线点燃,再很快地跑开,等纸团着火。然而结果令他失望了,火药只是燃烧了起来,并没有发生爆炸。

"真没意思,这哪里像炸弹,一点儿都不好玩。嗯!我用空铁罐试试看,也许会更像爸爸的水雷。"他自言自语地说,并把火药装入小空罐中,封紧盖子,再次点燃了导火线。

"碰!"爆裂的罐子发出很大的声音,盖子飞了起来,大家都被这声巨响吓了一跳。

阿佛列的调皮马上被父亲知道了,父亲严厉地禁止他再玩火药。

当阿佛列再次到工厂时,员工们早已听说此事,没有人肯让他接近火药。

"不行,不行!""不能玩这种危险的东西!"

说着,就把他赶了出去。

"哼!不给?那我就自己来制造火药。"

阿佛列拿起化学读本,翻寻火药的制造过程。

"原来是把硝石、木炭和硫黄混合,难怪火药都是黑漆漆的。"

"木炭容易找到,硫黄也可以从引火木条(一头沾有硫黄用来引火用的薄木片)上刮下来,但最重要的硝石要从哪里弄呢?"

想了想,阿佛列高兴地来到工厂,在药品室中找到装硝酸钾的瓶子,偷偷地把里面的白色粉末倒入小袋中,拿回家后立刻关起房门开始做实验。

硝石就是硝酸钾的粉末,把它和炭粉混合再加上硫黄就成了黑色火药。阿佛列小心地把微量混合粉末放在盘子中点燃。

"咻!"火药冒起了白烟。

"真是不中用的东西,一点威力也没有!"

他又改变了混合量,威力也随着增强,他兴奋地说:"哈!成功了!"

阿佛列因此又开始玩烟火了,这是一种非常危险的游戏。

最后虽然难免被父亲察觉而屡遭禁止,但是从玩耍中他发现了火药包扎的松紧与爆炸威力成正比的基本原理。

自从诺贝尔全家迁到彼得堡后,伊马尼尔的事业蒸蒸日上,一度为大众所瞩目。

　　孩子们虽没有上学,但靠着自学以及家庭教师的指导也都学到了丰富的知识,受到了应有的教育,这是诺贝尔三兄弟禀赋极高、求知欲强的结果。

　　后来罗勃特和路德伊希结束了家庭的补习教育,到工厂去实习了。

　　到了父亲的工厂,罗勃特担任公司有关业务方面的工作,路德伊希则负责工厂技术方面的事情。伊马尼尔的工厂,已成为诺贝尔家族的事业了。

　　正如父亲所预料的,孩子们的表现都很杰出。

　　阿佛列已经17岁了,到了工作的年龄。

　　"我想让阿佛列到工厂去工作。"父亲跟母亲商量说。

　　"是呀,17岁了,不能老把他当小孩子看了。"

　　"你想叫他做什么事呢?"

　　"虽然他对文学兴趣很浓厚,但我想还是叫他学习技术方面的工作比较好。"

　　"嗯,当技师是不错,但他最好是能成为研究发明方面的技师。"

　　父亲接着又说:"罗勃特可以帮助我经营公司,路德伊希则负责工厂生产制造方面的事务,所以我希望阿佛列能担任发明创造的工作,使工厂不断地有新产品上市。"

　　"这可不是件容易的工作呀!"

　　"所以我打算让阿佛列到美国去留学深造。"

　　"啊,到美国?"母亲很惊讶地问。

　　"是的,美国有一位从瑞典移民去的发明家艾利克逊。"

　　"哦,不就是发明螺旋桨式汽船的那个人吗?"

　　"对,是他!我想让阿佛列去跟他学习。"

　　"好是很好,但要让阿佛列独自一人远赴美国,我不放心。"

　　"不要紧,他已不是小孩子了,疼爱自己的子女就应让他经常外出,这样才不至于孤陋寡闻。前一阵子艾利克逊来信告诉我说他正在从事热空气引擎的研究工作,就让阿佛列去跟他一起研究吧!"

　　"什么是热空气引擎?"

　　"就是以高温空气来代替蒸汽机发动的引擎,将来一定用途广泛。"

阿佛列在父亲安排下，离开了温暖的家，到美国留学去了。

留学美国

阿佛列所搭乘的汽船，在大西洋上不停地往西行进，这是一艘两边装有水车的轮船。阿佛列即将投在以发明螺旋桨使船只航行平稳快捷而闻名的美国发明家艾利克逊（1803—1889）的门下。但当时这种新船仍未被普遍采用，所以阿佛列乘坐的仍是旧式的船，它正慢慢地在波浪起伏中航行。

阿佛列倚靠着甲板上的栏杆，望着起伏不定的海浪冥思着："正一步步接近的美国，究竟是什么模样？是一个朝气蓬勃的新天地？是什么样的情况在等待着我？它是一个很大的城市还是一片广大的牧场？是盛产石油和煤铁的大工业国？"

阿佛列在长途疲惫的航行中，仍不忘时时复习英文、加强语言能力，以便适应那即将到达的陌生国度。

对语言颇具天分的阿佛列，在俄国的时候，他的英文读写能力已相当不错，为了精益求精，他仍不忘随身携带各类英文读本，其中除了有关科学的书籍外，更不乏文学与诗歌方面的读物。

阿佛列在漫长的旅途中最喜欢坐在甲板上，面向大海赏析文学作品，他对雪莱的诗以及雪莱对事物的看法很有兴趣。

雪莱（英国人，1792—1822）将各种理想在自己的诗中表露无遗，主张博爱、和平，属浪漫主义诗人。

年轻而敏感的阿佛列深深地被雪莱的作品吸引，雪莱的思想已完全被他吸收、融合而成为阿佛列的思想。

阿佛列以科学的态度对待发明事业，以和平的手段、博爱的精神处世待人，这些都是受雪莱思想的影响。后来他捐出遗产设立诺贝尔奖，可以说成是雪莱思想的升华。

抵达美国后，阿佛列立刻带着父亲的介绍信去拜访艾利克逊。

艾利克逊对他深表欢迎。阿佛列在此学习了许多有关各种机械的技术，并帮助艾利克逊从事以火和高温产生的膨胀空气来代替蒸汽发动引擎的热空气研究工作。热空气引擎也就是今天的燃气轮机，在当时并未被普遍使用。

阿佛列从这项研究中得知物体燃烧发热使气体膨胀而产生力量的原理,并学习到许多新的知识。

可是单独来到遥远国度的阿佛列,心中交织着复杂的情感,使他对文学的兴趣胜于对机械的研究。

每当阿佛列感到孤单寂寞时,雪莱的诗便成了他的寄托,写诗也成了他的主要消遣。

一年过去了!阿佛列同艾利克逊道别,并踏上了离开美国的归途。当他路过巴黎时,为了寻求更多的知识,暂时停留在法国。他的主要目的是在此学习化学和物理;另一个用意是欣赏巴黎美丽的风景以培养他写诗的灵感。

阿佛列在彼得堡时已有相当的法语基础,对语言有特殊兴趣的他,为使法语说得更为流利标准,进入一家会话补习班。在此,他结识了一位美丽的少女,他们彼此相爱,曾海誓山盟私订终身。

阿佛列的法语程度已不亚于法国人了,遗憾的是,他心爱的少女不久却因病去世。

这个打击使阿佛列无心再留恋巴黎,他决心要离开这个让他心碎而难忘的地方,专心致力于事业,实现理想,因此他回到了第二故乡——父母所在的彼得堡。

此刻是 1852 年,阿佛列刚满 19 岁。

火药的研究

父母看到阿佛列的身体已完全康复,心中非常高兴。

"阿佛列,你已痊愈,不要紧了。"

"爸,我已能独立作业,支撑全局了,今后我会全力负责发明方面的研究。"

"嗯,很好,你想作哪一种研究呢?"

"我想研究一种强力火药。"

"可是阿佛列,战争可能很快就会爆发,大堆的水雷订单,工厂应接不暇,正需要你帮忙呢!"

"哦,水雷能在战争中派上用场吗?"

"当然,俄国有强大的陆军,海军却经不起英、法轻轻一击,所以要在各大军港和敌军可能登陆的海岸布置水雷,加强海军防卫力量,以阻止敌舰和运输船的侵入。"父亲很得意地侃侃而谈。

阿佛列却不以为然地说:"爸爸,黑色火药对于那些木制船可能管用,但对于钢铁制造的船舰恐怕无济于事吧!"

"那怎么会?我已试验过了。"父亲心里有点不高兴。

"哦,真能如此,那就很好,可是我仍想发明威力更强大的火药。"

克里米亚战争终于在1854年3月间爆发了,俄国与土耳其、英国、法国的联军正式开战。

诺贝尔工厂因克里米亚战争而异常忙碌,水雷的需求量急剧上升。

"我们将要大忙一阵了。"工厂的生产量已无法满足购买者的需要,大批的订单使父亲格外振奋。

俄国的海军非常脆弱,显然已无法抵抗英法联军了。

俄军在芬兰湾,靠近彼得堡西面的要塞克隆斯塔和克里米亚半岛西南部的重要海港塞佛斯托波耳加强军事防卫,以对付英法联军的袭击。

诺贝尔工厂生产的水雷是否能发挥强大的防御能力仍是一个未知数,但在克隆斯塔军港的入口处已密布了重重的水雷。

英法联军的舰队,正如俄军所料,企图占领克隆斯塔军港,再直入彼得堡。如今,他们的舰队已到达芬兰湾了。不巧的是,有一艘俄国汽船竟误触水雷而沉没。看到这种情形,英法联军立刻察觉到在克隆斯塔港的周围海面上布着许多固定的水雷,于是他们放弃了攻打克隆斯塔港的计划。这足以证明伊马尼尔的水雷确实相当成功。

英法联军放弃了对北方芬兰湾的攻击后,把全力集中到了克里米亚半岛上,这样一来,反使俄国吃了败仗。

当诺贝尔工厂生产水雷的功效被证实后,有两位化学专家到工厂来访问,他们就是在俄国学术界曾留下许多业绩的希宁博士和特拉浦博士。

"我有一个非常机密的问题想与诺贝尔先生商量。"

"哦,但愿我能效劳。"

"是有关强力火药的应用问题。"

"我的儿子阿佛列对这方面比较有研究,你们可以和他谈谈。"

"既是您的公子,我就放心了,因为这是高度机密。"

阿佛列被唤到两位专家的面前。

"这次战役对俄国而言实在相当艰苦,为了使俄国早日获胜而结束战争,我想制造威力强大的炸药,可否与贵工厂共同研究?"

"当然可以,不过,来得太突然,事先未有周密的安排,凡事毫无头绪呀!"

"这点你不用急,我这里有强烈的液体爆炸物,但它的威力无法确定,是否有实用价值,没有把握。"希宁博士说着拿出一个瓶子来,"就是瓶子里的液体……"

"啊,硝化甘油!"不等希宁博士说完,阿佛列便脱口而出,"我从书本上知道这是1847年意大利科学家沙布利洛所发明的,今天我才头一次看见这种液体。"

"我就是想利用它来作研究。"希宁博士对阿佛列说。

"我也曾想过这种液体可能会增强水雷的威力。"

"是的,但这项工作非常困难,沙布利洛虽利用甘油、硝酸和硫酸制造出了这种比黑色火药威力大好几倍的爆炸物,但它有时会失去效用,仅仅燃烧却不爆炸。"

希宁博士说着将瓶中的液体滴了一滴在铁板上,燃烧后只是产生火焰而没有爆炸。

他又滴了一滴,这次用铁锤来敲打,于是硝化甘油发出了迸裂的爆炸声。

"它爆炸力的强烈程度可由沙布利洛因试管中的硝化甘油突然爆炸而受伤这件事予以证明,它的威力总是叫人捉摸不定,很难预料。"

"是否因为它是液体的关系呢?"阿佛列问。

"或许吧! 沙布利洛自从在实验室被突爆的硝化甘油炸伤后,已停止对硝化甘油的研究工作了。"

"这的确有点令人困惑!"伊马尼尔在一旁侧着脑袋默默思考着。

"希宁先生,这件事就交给我们办好了。"阿佛列显得极有自信,一副充满希望而热切的样子。

"好吧,就请你试试看,我相信你能做得很好。"

"好的,我一定尽力而为。"

"那我就把这瓶硝化甘油留给你了,但你要特别留心,注意安全啊!"

"我会的,谢谢你。"

阿佛列当时根本不知道这件事后来会引起全世界的关注,带给他辉煌的人生。

阿佛列和父亲终于开始细心地研究这种不太实用的液体炸药的制造和使用方法。

硝化甘油是一种性能不容易控制的化合物,更由于它呈液体状态,只要稍微处理不当,就会发生可怕的爆炸。

它的危险性在于你根本无法预料它会以何种形态出现。有时点上火,它只是燃烧而已,有时却只有一部分爆炸,而且在制造过程中,意外爆炸更是屡见不鲜。

发明人沙布利洛舍弃使用这种火药,并停止研究的原因也在于此。但硝化甘油却是心脏病患者的有效医疗药品,所以在医学界它仍然继续被使用。

阿佛列虽然立刻着手从事研究,但事情比想象中的还要困难。

由于诺贝尔工厂必须致力于生产各种机器,几乎没有时间作这项额外的研究。

"真伤脑筋!根本没有多余的时间来研究硝化甘油。"

"是呀,爸爸,我想这项研究工作就等战争结束后再说吧。"

"也对!那时就不会有太多订购水雷的人了。"

就这样,硝化甘油的研究工作被暂时搁置在一旁。

在此期间,克里米亚战争越来越激烈。

联军以数十万大军海陆并进,把克里米亚的塞佛斯托波耳要塞层层包围;俄军则顽强抵抗,使联军无法越雷池一步。

由于俄国天气酷寒,加上热病流行,因水土不服而未战先败的联军士兵不计其数,单单英军受伤与生病的就有 15000 人之多。

英国的南丁格尔越海直赴战场,她不分敌我,殷勤照料伤兵,因而获得"克里米亚天使"之誉。第二年,俄军的败迹开始显露。正当此时,俄国沙皇尼古拉一世又不幸病逝。

一般人认为无法攻陷的塞佛斯托波耳军港终于在 1855 年陷落了,新即位的亚历山大二世向联军投降。

战败的俄国在政体改变之后便不再向诺贝尔工厂订购机械,在战争中一再扩大的工厂设备因而失去了利用价值。

诺贝尔一家人十分烦恼,于是召开家庭会议。

"这下完了,不再有订单,工厂无法再继续经营下去,看样子,我们得暂时停工。"大哥罗勃特说。

一度繁荣忙碌的诺贝尔工厂在无可奈何的情况下被迫停工。

移民到俄国二十几年来,对俄国机械工业贡献颇大的伊马尼尔不得不再回到瑞典去。

"这是不得已的事,工厂结束营业后,我留在这里已无多大益处,还是让我回到故乡去,你们有何打算?"伊马尼尔征询儿子们的意见。

"我们想留在俄国,找份新的工作,其他的事慢慢再说吧。"诺贝尔三兄弟一致表示愿意留下来。

"我还是留在这里继续研究硝化甘油。"阿佛列这样说。

决心已定,父亲伊马尼尔带着妻子和幺儿回到了祖国。

他们在以前居住的斯德哥尔摩的海德堡租了一栋房子。

诺贝尔一家的境遇又一次改变了,那时正是1859年,阿佛列26岁。

发明雷管

父亲回到瑞典之后,诺贝尔三兄弟仍留居彼得堡。

他们三兄弟还在原先的工厂里工作,所不同的是他们由老板变成了受雇的员工。工厂的新老板由于不懂得工厂的企划经营,所以任命老二路德伊希为工厂营业负责人,罗勃特负责各种机械的设计工作,阿佛列则一面做机械操作工作,一面不断地盘算着硝化甘油的实验。

从这时候起,阿佛列的发明能力开始得到充分的发挥,他那异于常人的特殊才能使他改良了晴雨计、水量计等,并取得了专利。

不料,刚进入10月不久,阿佛列的身体随着季节的转变越来越虚弱。他虽然茶饭不思,但每天仍照常上班,一直处于劳累疲惫的状况下。

他总是勉强自己去工作,不愿休息。每当吃饭时,总不见他人影,若到房间去找,往往看到他手握试管,疲倦地趴在桌上。

"阿佛列,你自己要多保重呀!"看到弟弟这样疲倦,哥哥罗勃特不忍地说。

但一切都晚了!阿佛列就此一直卧病在床,无法工作。

有一天,罗勃特比平常晚归,当他穿过院子的树丛时,发现院中那栋独立的屋子里没有灯光。

"奇怪!"一种不祥的预感掠过他的心头。

他把门打开,里面一片黑暗。

"阿佛列!"罗勃特叫着,但无人回答。

就在即将燃尽的壁炉前,隐约可见有一个人躺在地上,那正是阿佛列。

"振作点!"罗勃特跑过去,用手触摸到弟弟的额头,这才发现阿佛列正在发高烧。接连几天,阿佛列的烧始终未退。

经诊断,他的病是由于疲劳过度而引起急性肋膜炎,外加旧疾复发而并发了心脏病。

他虽然恢复了知觉,病情却日益恶化。

罗勃特全心全意地照料着阿佛列。最令罗勃特懊恼的是,如今竟无法和以前一样马上送他入院治疗,或立刻请医护人员帮忙照顾了。

在这个不太方便的小屋中,阿佛列不得不忍受一切痛苦。

"春天快点到来就好了!"阿佛列躺在床上望着窗外。

但北国的冬天似乎特别漫长难耐,窗外的屋顶、树木等都被白雪覆盖着,大地一片凄凉的惨白。

偶尔能听到外面小孩子们快乐的歌声,想必是圣诞节即将来临吧!但在阿佛列的房中却一点也嗅不到圣诞和新年的气息。

北国的冬天与阿佛列盼望春天的心情恰恰相反,冬的气息愈来愈浓,外面冻结的大地上,偶尔会传来一阵雪橇滑动的声音。

时间似乎拖拉不前地漫步着,但那迟缓的脚步终于走完了1月,跨进了2月。

"哥哥,我好多了。"

"嗯,烧已退,脸色也好看多了。"

"我不要紧了,哥哥,你去上班吧。"

"嗯,好!"

事实上,罗勃特也不能一直陪伴、照顾生病的弟弟,所以他又恢复了从前的生活,每天到工厂去工作。

侧身靠在枕头上,阿佛列听见哥哥的脚步声渐渐地远去了。他每天都以这种方式送走要到工厂去的大哥。

每当睡醒,他就感觉到胸部的疼痛缓和了许多,阿佛列的病情已进入康复期。

"春天快到了,这真是一个又长又冷、阴寒的冬季。"罗勃特一面打开窗户,一面说着。

融化的水滴从屋檐上一滴滴地掉落下来,春的使者似乎正忙着传达春的信息,千里冰封的大地也正在渐渐地复苏。

"啊,真舒服。"阿佛列在床上伸伸懒腰。

半年多卧床不起的日子,因春天的来临而告一段落。

有一天,父亲伊马尼尔寄来了一封信:"我最近开始用希宁博士所说的硝化甘油作研究,阿佛列你的进展如何?这事情比想象的还要难,但我一定会设法找出硝化甘油正确的使用方法。"

阿佛列心中想:"是呀,我得再做做看,绝不能输给爸爸。"

他决定即刻动手开始研究。阿佛列再度寻找、搜集有关硝化甘油的性质和制造的一切资料。

发明硝化甘油的沙布利洛,出生于1812年,是在意大利色林大学的药品室中从事这项研究的。

当他28岁时,他正在法国留学,在贝鲁斯教授的指导下,从事用硝酸来混合其他物品,观察其所能产生的作用的研究工作。

大部分物质在硝酸的作用下都具有爆炸的特性。当沙布利洛把甘油、硝酸、硫酸互相混合时,他发现这是一种能产生强烈爆炸力的液体,并将这种液体命名为硝化甘油。

阿佛列对沙布利洛所发表的研究报告细心研读,并以此作为实验的依据。

"把不含水的甘油与以浓硫酸2、浓硝酸1的比例混合的混合液混合,再将此液体一滴一滴慢慢地滴下……"

阿佛列在烧杯里放入硝酸、硫酸和甘油的混合体。

"温度上升就会有危险,要先冷却到零度后再加以混合。"

然后把混合好的液体倒入水中,这时烧杯中就会有像油一般的液体生成,沉到杯底,这就是硝化甘油。

阿佛列已能自制硝化甘油了。这是极易爆炸的物质,必须格外小心。

阿佛列又很细心地读着沙布利洛的报告资料——"把一滴硝化甘油滴在白金板上加热,会有燃烧现象,甚至有时会引起爆炸。有一次虽仅是一滴硝化甘油爆炸,却使玻璃碎片打伤了我的手和脸,造成重伤。"

阿佛列看完这段资料,心中为之一震。

"置一滴硝化甘油于弧形玻璃盘上,再插入烧红的白金线也会产生爆炸。"

阿佛列好像已经了解了硝化甘油爆炸的原因。

"硝化甘油用铁锤敲打时也会爆炸,这和以前希宁博士所做的一样。"

阿佛列心想:"硝化甘油既然有强烈的爆炸力,那么不仅可以用在水雷上,也可用于开凿隧道等。对了,在岩石上钻孔,再把硝化甘油灌入洞中引爆,必能使岩石破碎。"

问题是,如何引爆?当然不能直接点火,那太危险!用锤子来锤?那更不用说了。

"嗯,这没问题,只要做一根含有黑色火药的线芯作为导火线,使它由远处慢慢燃烧,人再躲到安全的地方就可以了。"

阿佛列开始动手实验,他将做好的很长的磷色导火线的一端插入装有硝化甘油的小容器中,再从远处的另一端点火。

奇怪的是硝化甘油并没有爆炸,虽然着了火,但只有着火的部分使其余的硝化甘油喷了出来,产生零落的火星后就熄灭了。

他再用绳子吊起重铁块,使它重击盘子上的硝化甘油,仍然没有爆炸。

一连串的疑问使阿佛列再度拿起了过去的实验记录卡,陷入了沉思。

"把硝化甘油置于盘中,再由底部加热,能产生爆炸。"

"对了,希宁博士曾以铁锤敲击板上的一滴硝化甘油……我知道了,必须让全部的硝化甘油同时加热或同时受到锤击才会引起爆炸!"

若要使一滴或少量的硝化甘油同时受热或撞击,固然容易,但在爆破岩石时,想使岩洞中的硝化甘油一次受锤击或同时受热,谈何容易?

阿佛列苦苦思考却不得要领,于是他把自己研究的结果写信告诉了父亲:"爸爸,您的硝化甘油研究工作已有相当的成效,我也正在奋力直追,却不能得到良好的爆炸效果。若爸爸有新的发现和进一步的见解,请来信告知。"

父亲很快就回信说:"我已想出使硝化甘油安全爆炸的方法了,你试着把硝化甘油渗透到黑色火药里,如此必可使爆炸安全可靠。"

阿佛列觉得父亲的看法很有道理。

"两物加以混合后,当黑色火药爆炸生热时,就可使渗透在其中的硝化甘油同时受热。"

于是阿佛列满怀希望地着手实验,但仍旧无效。

"奇怪,为什么不能引发爆炸呢?"

阿佛列在百思不解中忽然想起小时候玩火药的情景:"那时把火药装入铁罐中,紧紧密闭后点火,曾引起强烈的爆炸,看来硝化甘油和黑色火药的原理应当是相同的。"

于是他把硝化甘油装在小玻璃管中放入铁罐里,再在四周的空隙里填满黑色火药,然后用导火线点火,"轰"的一声巨响!

"哈,好极了,这样一来,硝化甘油就可以有效地使用了。"阿佛列鼓掌叫好,高兴极了。

"嘿,我要让哥哥们吃惊,来吓唬吓唬他们。"

他就以同样的方法来装置硝化甘油,并做成点火后可抛出的弹丸状。

"哥哥,今天我有一件很有趣的东西给你们看,快跟我到河边去。"

"你到底在玩什么把戏?"

"很新鲜的玩意儿,你们一定会喜欢而且会很惊奇的,快来呀。"

罗勃特和路德伊希看见阿佛列如此兴奋,就好奇地跟他来到河边。到了河边,阿佛列将导火线点燃,然后他用力地把装有硝化甘油的铁罐向河的远方投去,铁罐拖着一条很长的烟雾向河里掉去,随即响起一声极大的迸裂声,水面上升起一条壮丽的水柱。

"哇!真可怕,这是什么炸弹?"

"这就是硝化甘油呀!"

"真的?你终于控制了硝化甘油不稳定的爆炸性?你的研究成功了!恭喜你!"

"嗨,你看,鱼都浮起来了,这炸药还可以用来捕鱼呢!"

"哈哈,真有趣。"

阿佛列似乎已成功地使硝化甘油爆炸了。

但这种硝化甘油炸弹仍不太实用,所以阿佛列又继续努力研究更方便、更实用的。

首先,他把塞满黑色火药的小管插入装有硝化甘油的容器里,再以导火线点火,但这样并不能使硝化甘油完全爆炸。

经过多次试验,他制成了密封的黑色火药管,将这种火药管置放于硝化甘油之中,借着管子的爆炸来引发硝化甘油更强烈的完全爆炸。

这次做得很成功,只要用这种装有黑色火药的密封小管,不管硝化甘油量的多少,都能产生完全爆炸的效果。

这种能使火药完全爆炸的小管,便是阿佛列的发明物中著名的"雷管"。雷管的发明,不仅适用于硝化甘油的引爆,对其他各种爆炸性物质也都能引发完全的爆炸。这是诺贝尔最重要的发明之一。

阿佛列虽能以雷管对硝化甘油的爆炸性做有效的控制,但仍未达到十分理想的实用程度。

"不知有没有比黑色火药更强烈的引爆物?"

阿佛列又开始逐一分析各种化合物的特性,他终于发现了属于水银化合物的雷汞。只要以极少量的雷汞装入管中,就足以引爆硝化甘油。

如今硝化甘油已经大量应用在开矿和公路工程上,这是因为诺贝尔雷管的出现使硝化甘油能产生强大的爆炸力。然而雷管的贡献不止于此,它能使棉火药、三硝基苯醇[$(C_6H_2NO_2)_3OH$](又称"苦味酸")以及各种具有爆炸性的化合物都成为强力的火药。

诺贝尔发明的雷管在火药史上可以说是自黑色火药出现以来一项举世瞩目的伟大成就。

弟弟之死

由于阿佛列发明的雷管使硝化甘油能安全地运用于矿山、隧道的爆破工程,因此他高兴地把这项发明带回到了在故乡斯德哥尔摩的父亲身旁。

"爸,我们将可以掀起一阵狂潮了。"

"是呀，我还以为你的研究工作没有太大的进展，我自己也一直停滞在黑火药与硝化甘油混合的试探中。"

"爸，让我们携手合作，共同组织一个诺贝尔硝化甘油公司如何？"

"构想是很好，但哪儿有资金呢？"

"这我来想法子。"阿佛列离开斯德哥尔摩前往法国，他四处拜访巴黎银行，向他们说明硝化甘油具有可观的远景。但是，没有一家银行愿意贷款给他。

不过，幸运之神终于向他伸出了援助之手。法国国王拿破仑三世听到有关诺贝尔发明强力火药的消息，非常感兴趣。他认为："硝化甘油在军事上将有广泛的用途，银行应该贷款给他，帮助他发展这项事业。"

阿佛列因此而获得10万法郎的贷款，愉快地回到斯德哥尔摩与父亲筹建工厂。

工厂位于斯德哥尔摩的郊外，这个不起眼的小型工厂就是诺贝尔火药工业公司的前身。

1863年，诺贝尔年满30岁，诺贝尔火药工厂正式开始制造硝化甘油。

工厂里五六个员工在伊马尼尔与阿佛列的指挥下，十分忙碌地从事着硝化甘油的制造。

由于当时肥皂工业特别发达，制造硝化甘油过程中所需的原料甘油是肥皂工业的副产品，价格低廉，可以大量收购。

"在制造硝化甘油的过程中，要特别小心留意才行。"

"只要把硝酸冷却，就不会有危险。"

"但甘油绝对要一点一滴地慢慢倒入混合。"

在谨慎的作业下，硝化甘油的成品就这样生产出来了。

在矿业与土木业界，大家都已知道硝化甘油的爆炸足以使岩石粉碎，而且威力远远大于过去黑色火药好几倍。

用凿子和铁锤先将岩石钻洞，再把硝化甘油放进去，以诺贝尔的雷管使之爆炸，岩石就会很快地破裂粉碎，这种方法比起以前快速而有效。因此，订购硝化甘油的人越来越多，诺贝尔工厂也随之一再地扩大。

"爸，我们的生意相当兴旺。"

"很不错，这都要归功于你的发明。"

"我相信,硝化甘油的时代即将来临。"

由于硝化甘油用导火线点火也不会爆炸,所以伊马尼尔和阿佛列竟和一般人一样,误认为它比黑色火药还要安全。

然而他们却忽略了沙布利洛的教训,由于过分的大意,酿成了大错。

那是1864年夏天的一天,在大学里读书的小儿子艾米尔·诺贝尔暑假中回到了斯德哥尔摩的家。

他很尊敬他的哥哥阿佛列,阿佛列也因为艾米尔最小而特别疼爱他,甚至超出兄弟的情谊,如同父亲一样呵护照顾他。

艾米尔和哥哥一样,对硝化甘油非常感兴趣,他在暑假期间到工厂里帮忙,也借机作各项研究。

"哥哥,我要设法使硝化甘油的制造过程更简化、更方便,目前这种方法太麻烦,而且费用又高。"

"那当然很好,但你要格外小心才是!"

"您放心好了,我会注意温度的。"

艾米尔每天在工厂的实验室中,认真地从事硝化甘油制造过程的简化研究。

"艾米尔,你真是有心人,将来一定能和你哥哥一样是个成功的发明家。"父亲对艾米尔的努力表示嘉许。

不料,9月3日,诺贝尔工厂突然发生爆炸,整座工厂很快被大火吞没,成为一片火海。

阿佛列和父亲伊马尼立刻赶到现场,但已无法挽救,只能颤抖着身体,眼睁睁地看着工厂化为一片灰烬。

大火扑灭后,从残留的灰烬中找出了5具残骸,其中的一具便是阿佛列最疼爱的小弟艾米尔。

父亲和阿佛列所受的打击远远胜于硝化甘油爆炸时所产生的冲击,母亲更是悲痛欲绝,终日以泪洗面。

经过这次沉重的打击,阿佛列经常呆若木鸡地望着远处。

"你们对于这么危险的物品,为什么未经许可敢擅自制造?"他们被叫到了警局。

"我做梦也没想到,硝化甘油这么不容易引爆的东西竟然会自燃爆炸,确实连做梦也没想到!"伊马尼尔难以置信地回答。

"既是如此,为什么会爆炸呢?"

"硝化甘油只有在温度超过180℃时才可能自燃爆炸,难道艾米尔在实验室中忘了看温度计?"

"会不会是因为太靠近火源呢?"

"不可能,硝化甘油直接点火都不会爆炸呀!"

"硝化甘油的制造过程如何?"

"就是把硝酸和甘油在很低的温度下混合使其发生反应生成硝化甘油,那是绝对不会发生意外的。"

"你为何没有事先申请?"

"我们还在实验阶段,制造量很少。"

伊马尼尔并未因此次爆炸事件而受处罚,但从警察局回来的他因脑出血而病倒了。

事实上,硝化甘油非常危险,这次事故很可能不是因为艾米尔使温度升高所引发的。

阿佛列从悲伤中重新站了起来,他立下一个宏愿:"我一定要找出硝化甘油最安全地使用、存放和大量制造的方法。"

他试图采取以浓硫酸混合冷的浓硝酸再混合甘油的方法。

无奈警察机关严禁诺贝尔火药工厂复业,也不允许他们在斯德哥尔摩五千米境内发展这种危险事业。

阿佛列的决心并未因此而动摇,他决定到乡下去寻找地方,但没有人愿意租让土地给他建立危险的火药工厂。为了自身以及附近人家的安全,人们都拒他于千里之外,阿佛列不得不死了这条心。

他只好到一个大湖上买了一艘大船作为工厂,这便成了移动式的"水上工厂"。

抛锚固定船的位置,停泊的大船就成了阿佛列的工作场所,但其他的船只考虑到自身的安全,加之上次的爆炸事件,使他们不停地指责、反对。为了避开这些令人难堪的困扰,阿佛列只得一再改变停船的位置。像这种移动式的工厂,可以说是独一无二了!

阿佛列每天都充满干劲而愉快地从事着硝化甘油的研究与制造。

由于上次的爆炸事件,阿佛列无法得到人们的谅解,大家都认为硝化甘油是足以致命的危险品,根本没有人愿意购买。

"真糟!没有人敢使用,我的努力岂不等于白费?我一定要想个办法!"阿佛列暗下决心。

"对了,何不做点宣传工作?"

于是,他发出帖子,邀请学者、技术人员、土木界人士以及军人等前来参观示范表演,请帖的内容是:

> 用硝化甘油作为炸药,不仅威力强大而且安全性高。关于这一点,似乎很多人有误解,为了证明它的安全与实用,我将做一次示范性的表演,届时欢迎光临指教。
>
> 阿佛列·诺贝尔敬上

阿佛列就在这些受邀者(他们都出于被动,虽然前来观摩,心中却极不乐意)的面前细心地示范表演。

他首先从瓶中取出硝化甘油置入盘内,再用木棒引火点燃,硝化甘油只是燃烧而不爆炸。阿佛列立刻把火熄灭说:"硝化甘油只会像这样燃烧,并不会爆炸。"

他接着又用烧红的铁棒插入硝化甘油中,这次依然没有爆炸。

"像这样用灼热的铁棒插入,仍不足以使硝化甘油发生爆炸,由此可以证明它的安全性。但是,若用雷管来引发,它就成了威力最强大的爆炸物了。"

于是阿佛列以雷管来引发硝化甘油,为大家做示范表演。受邀者目睹了这些试验,才勉强接受了硝化甘油,因此工厂的订单又源源而来。

其实这是一次冒险的试验,只要稍有差错,阿佛列也会性命难保。

在用木棒点火的实验中,若不是阿佛列以极灵敏的手法在未发生爆炸前立即把火熄灭,火势的蔓延将会引发可怕的爆炸。

至于用红透的铁棒插入没有引起硝化甘油的爆炸,那是因为阿佛列命不该绝。如果不幸爆炸,单单铁棒飞起就足以置他于死地了。

就由于他的幸运和机灵,终于为硝化甘油铺下了一条坦荡的大道。由于诺贝尔大力宣传,人们开始了解硝化甘油炸药的实用价值。诺贝尔的努力已接近成功的边缘了。

他终日忙碌奔走于硝化甘油的实验表演以及矿区详细地说明示范

中。硝化甘油的订单,纷纷涌至。

"看样子,我可以不必再到湖上的流动工厂去工作了!"阿佛列心中暗喜。他开始为寻找工作场地而奔波,但人们仍不肯租让土地给他。他们的意思是:"硝化甘油是很安全,但凡事不怕一万,就怕万一。"

阿佛列的忙碌与奔波毫无结果,地主们都不愿提供土地,一切努力看样子是白费了!忽然间,他灵机一动,心想:"照这种情势看,要在瑞典境内建立工厂是绝不可能了,倒不如向外发展,或许还有希望。"

1865年春天,阿佛列来到德国,对硝化甘油做了广泛的宣传,终于在汉堡结识了一位名叫威因克拉的企业家和一位名叫潘德曼的富商,并邀请他们合伙。

"诺贝尔研究的硝化甘油炸药,我认为将来发展的可能性很大。"

"我也有同感,既然你要和他一起合伙经营,我希望也能参加一份,在资金方面就由我投资吧。"

于是世界上第一家具有规模的硝化甘油公司终于在德国汉堡建立了。

1865年11月8日正式设厂制造。厂址位于易北河上游、距汉堡10千米的克鲁伯,工厂四周环绕着厚4米高3米的围墙。

这座工厂虽小,却从此支配了世界火药界。在汉堡设立硝化甘油工厂的事,不久便成为最热门的消息而传遍了世界的每一个角落。虽然引起了大家的注意与好奇,但仍有不少人认为它有高度危险性,因此有效的宣传又成了当务之急。于是诺贝尔和威因克拉到各国去大力宣传,详细地解说,这才使硝化甘油再度为人们所接受。

当时在德国,硝化甘油也仅仅是被用在铁路工程方面和铁矿的开采上。

"怎么样?硝化甘油相当厉害吧!只要一爆炸,就能产生强于黑色火药好几倍的力量。"

"是呀,在钻孔的岩石中放入黑色火药,只不过是喷火而已;但如果放入硝化甘油,那可就不同了,全部的石头被炸得粉碎!"

"听说它是危险物品,但在德国还没出过任何意外。"

硝化甘油和诺贝尔的信誉步步升高,其实硝化甘油依然和从前一样是危险的爆炸物。它之所以未节外生枝,是因德国气候寒冷,在低温下的硝化甘油是不容易甚至不可能发生爆炸的。

在搬运之际,基于安全着想,通常是把硝化甘油放在小铁罐后再装入木箱中,为了避免摇动碰撞,还在间隙处填入硅藻土。这种包装虽已设想周全,但若不慎把木箱倒置,那后果就不堪设想了!

这种装置,后来竟成为发明炸药的重要启示,真可说是造物者奇妙的安排。

尽管如此,硝化甘油本身的危险性以及搬运时的不慎,仍使意外事件不断发生。

硝化甘油是一种黏稠的液态物。有些无知的人竟将这种高度危险性的液体当作润滑油来使用。

在硝化甘油日趋被人们所接受之际,罗勃特想知道硝化甘油对自己目前从事的石油事业是否有所帮助,专程从俄国回到瑞典。

罗勃特把硝化甘油装在瓶中,单独前往瑞典的基督城做实验。回来以后,阿佛列问他:"哥哥,你实验做得如何?"

"实验的结果是不错,但一路上发生了很多出乎意料的事。"

"到底是什么事?"

"在前往基督城的途中,有一段没有铁路,必须换乘马车,我就把硝化甘油的瓶子搁在马车的行李架上。"

"那多危险!"

"我根本忘了这回事,只顾和邻座的妇人谈话,等到达终点时,才发现因为一路的震动而破了一瓶。"

"结果呢?"

"那漏出的硝化甘油沿着车壁一直流到了车轮上。"

"真太危险了,万一起火了怎么办?哥哥,我已经听得毛骨悚然了!"

"你先别慌,还有下文呢。我到了基督城后只得用剩下的一瓶来做实验,等参观的人到齐后,我才发现瓶中的硝化甘油已经所剩不多了。我吓了一跳,忙去问旅馆的服务生,你知道吗?他竟以为那是光亮剂,拿去擦皮鞋了!"

"啊,真是不要命了!"

"我就用那仅存的一点硝化甘油来做实验,请工人在很大的岩石上打洞,再灌入硝化甘油使它爆炸。"

"成功了吗?"

"结果很成功,原先打洞的那些工人认为这种像臭牛奶一样的东西不可能炸开石头,都纷纷取笑我。谁知道爆炸后不但石头炸得粉碎,连那位还没走远的工人也被因空气剧烈流动产生的强风吹到了空中。"

"他没事吧?"

"还好,只是在空中翻了个筋斗,像马戏团小丑一样又站到了地上,哈哈大笑。"

"哈哈……不要开玩笑!他的确做得不错。"

就连诺贝尔家人对硝化甘油都如此马虎、粗心大意,可以想象一般人根本无视它的危险性,难怪硝化甘油爆炸的意外事故频频发生,舆论界的责备又开始不绝于耳。

那是发生在纽约一家旅馆的爆炸事件。

有一位德国旅客到纽约旅馆投宿,当他要外出时,把一个小盒子寄存在柜台服务生那里。服务生不知盒子里装的是硝化甘油,对于它的危险性更是茫然无知,于是随手把它放在了坐椅底下。

第二天早晨,服务生发现那盒子正在冒着黄色烟雾。惊慌之余,他拿起盒子就往马路上丢,只一瞬间,就引起了一场大爆炸。

附近一带民房的玻璃窗全被震破,马路上那盒子掉落的位置被炸出了一米深的坑。

这件事立刻成为报纸的头条新闻,以最醒目的标题、最大的篇幅指责硝化甘油。

1866年4月3日,巴拿马也发生了爆炸事件。

一艘名叫"欧洲号"的轮船从亚司宾尔港出航时,放置于甲板上的硝化甘油突然爆炸,致使17人死亡,船身严重损坏。

德国气候寒冷,使硝化甘油变得极为安全,但在巴拿马这种热带地区,它的危险性实在不容忽视,诺贝尔对这种问题忧心如焚。

"诺贝尔先生,又发生爆炸事件了。"

"真糟!在哪里?"

"在旧金山一家轮船公司的仓库中,已知有14人死亡。"

"天呀!在旧金山发生这种事,这下问题可大了!"

"听说民众正激烈地呼吁禁止使用硝化甘油,到处都张贴着反对的标语。"

不久,在澳大利亚的悉尼,也因两盒硝化甘油的爆炸,使仓库和附近的建筑物全部毁坏。

"这样下去岂不完蛋?要赶快谋求好对策才行呀!"

紧接着又在克鲁伯的工厂中发生了爆炸事件,这是1866年5月的意外事件。

接踵而来的意外灾害已到了无法收拾的严重地步,各国也都严格禁止硝化甘油的贮存和制造。

听到这些骇人听闻的消息,最感震惊的要算是发明硝化甘油的沙布利洛了。

"我怎会造出这种残害生灵的罪恶物品来?一条条生命就像从我的手中被夺走了一般,我真后悔!"他愧疚不已。

法国和比利时最先禁止硝化甘油的制造与使用,接着瑞典也禁止输入。至于英国,虽无明文规定,但取缔之严无异于禁止。其他大多数国家也一一禁止输送、销售硝化甘油,硝化甘油几乎成了世界各国望而生畏的绝对禁用物品。

不仅硝化甘油受禁,对于诺贝尔的指责亦不绝于耳,但他一点儿也不灰心。

"硝化甘油的爆炸大多是在运输途中发生,但在使用时从未发生过意外,只要以安全的方法运输,我相信它绝对是安全的。"

诺贝尔开始研究硝化甘油如何才能运送或存放,他曾试着将硝化甘油溶于甲醇中来运送,等到需要时,再将甲醇蒸发取用,但这种方法仍然不够理想。他也曾有把液体的硝化甘油变成固体的构想。

甘油炸药

一连串不止息的爆炸事件使硝化甘油不再受世人的信任,而禁止制造与运送,更使诺贝尔火药工厂萧条了。

"诺贝尔先生,我们的事业就此完了!"共同合伙人威因克拉失望地说。

"不会的,绝对不会就此结束的,硝化甘油的强大威力绝非其他物品所能取代的。"诺贝尔依旧满怀希望。

"话是不错,但没人肯使用呀!"

"所以我必须设法改变它的外形,若以目前的形态出现,当然无法被大众接纳。"

"那该怎么办?"

"威因克拉先生,我正在想办法设计最安全的硝化甘油形态,我相信一定会成功,我们的事业仍有光明远大的前景。"

"诺贝尔先生,你真是一位乐天派,希望你能有成功的一天。"

阿佛列决心全力以赴。安全的运送装置是安全使用硝化甘油的第一要件,阿佛列将硝化甘油溶入甲醇中来运送,等需要时,再把甲醇蒸发掉。

"仍然不行,过于烦琐,没有人愿意用麻烦的东西,而且炸药本身以液态出现,实在太不方便了!"

"我们可以使它冰冻。"

"可是,在热一点的地区就行不通呀。"

"那当然,解冻后它仍是液体,只有冰冻状态才不会爆炸。"

"跟黑火药混合可以吗?"

"这方法我父亲做过,因为黑火药不太容易吸收硝化甘油,所以也不理想。"

"可是它一定要和其他物质混合才行,否则怎能成为固体呢?"

"对呀,我以前怎么没想过这一点?我就把硝化甘油和其他物质混合试试看。"

诺贝尔试着把硝化甘油和其他各种固态的粉状物相混合,他发现混合锯木屑的硝化甘油能引起爆炸。

"太好了!这下可以了!"

但木屑粉也不易吸收硝化甘油,因此爆炸威力相对地会减弱。于是他又用土、陶瓷粉来混合,做了各种混合实验。

"对了,要使液体的硝化甘油能被大量地吸收,木炭粉该是再好不过了。"

阿佛列一方面经过苦心的研究想出了这个方法,另一方面到美国调查爆炸事件的情形。

为了专心调查,他把工作暂时放下,并把他的构想告诉了大哥罗勃特。

在美国调查的结果,远远胜于他想象的严重程度,阿佛列触景伤情,想起了可怜的弟弟艾米尔的那次事故,心中非常难过。

"无论如何,我必须努力研究,制出安全的硝化甘油炸药,我怎能眼睁睁地看着那些无辜的生命一个个地远离我而去呢?"

阿佛列很快回到德国克鲁伯工厂,此后他更是无时无刻不为制造安全的硝化甘油而苦思冥想。这时候,哥哥罗勃特又来了一封信——

"阿佛列,你将木炭粉加入硝化甘油的构想的确很正确,混合木炭的硝化甘油无论在运输或使用上都比液体来得方便,而且威力也没有减弱。依我看,你日夜期盼的东西已经产生了。"

"原来哥哥已做过实验了,但不知是否有比木炭更好的混合材料?"

阿佛列在细心思考下,似乎隐约记起以前为了搬运上的安全,曾在硝化甘油的盒子空隙中填满硅藻土的事。

"对了,有一次硅藻土因硝化甘油的渗出而结成硬块。用硅藻土试试看,或许有用。"

硅藻土是一种又细又轻的土,它是由一种叫硅藻的微生物外壳所集结而成的,具有吸收各种物质的特性。而且,它的价格低廉,也不会短缺。

阿佛列立刻用硅藻土来混合硝化甘油,它的吸收能力之强真是出乎意料,当它吸收比自身多3倍的硝化甘油后可呈现像黏土一般软硬适中的块状物体。

"哇,这样可使硝化甘油被大量地吸收。"

阿佛列把硅藻土混合成的硝化甘油做成棒状,以便插入石洞中,爆裂岩石。

这种混合体的爆炸力比木炭粉、锯木屑等其他混合体的威力还要强大。

"这种与硅藻土混合的硝化甘油与液态时一样猛烈,而且它的优点是不会使爆炸物体过于细碎而飞溅各处。"

既然能有效地使用,那么很自然地又要考虑到安全设施,于是阿佛列再次考虑到了安全问题。

他把黏土般的块状硝化甘油混合物从高处投落,并未发生爆炸,再把它制成小粒放在铁板上敲击,也不会爆炸。"太好了!这样的成绩该是满分了!"

诺贝尔异常兴奋地用雷管来做引爆试验,这种硝化甘油硅藻土随即发出微小的声音而爆炸。

"从高处投掷或敲打都不会爆炸,但只要用雷管引发,就能产生强大的威力,这就是我期盼已久最理想的炸药形式。"

阿佛列喃喃自语,此刻的喜悦真是无法形容。

他立刻拿起纸笔,写信告诉爸爸、哥哥和威因克拉这个大好消息。

硝化甘油从此以固态呈现于世人面前,不管在运输或作业上都有显著的效果,它方便、安全,再也不会有无谓的伤亡了。

诺贝尔迫不及待地去申请专利。

他并非就此罢休,依然从事硝化甘油和硅藻土的合成比例实验。他还必须从各地出产的硅藻土中挑选品质最优良的来使用。

这种混合而成的炸药,在 7.5 的硝化甘油与 2.5 的硅藻土的比例下,不但威力最强而且软硬适度,至今被认为是最完美的混合比例。

"这种新的炸药起什么样的名字?"

"我应该取一个响亮好听的名字……硝酸硅藻土? 固体硝化甘油? 不好! 不好!"

最好是能把这种优越的性能一语道尽的名称。

"对了,就叫甘油炸药(Dynamite,这是从精悍的、充满活力的 Dynamic 这个单词而来的,我们现都简称它为炸药)。嗯,就这么命名!"

"甘油炸药! 甘油炸药!"阿佛列高兴地念着,就这样新的炸药被命名了。

为了不再出纰漏,阿佛列十分谨慎。

由于硝化甘油是多孔物体,也就是具有很多细孔,很容易吸收液体或气体的材料互相混合,是产生爆力强大而又安全的新产品,于 1864 年正式取得专利,但直至 1866 年才问世。

新炸药之所以迟迟不对外公开,是因为阿佛列要经过多次的证实,保证它绝无危险才行。从这点我们可以看出,阿佛列不再像以前那样对危险物品掉以轻心了。

他经过多次实验,每次都得到了相同的答案,他认为这样可以使一般人安心使用了。

诺贝尔将新制的炸药对外公布后就开始制造出售了。

1866年10月,克鲁伯地方组织了一个甘油炸药安全审查委员会,对诺贝尔所制造的炸药在安全性和威力方面做了一次安全审查。

全体安全审查委员一致认为:这是一种成功的产品,在使用和运输上的安全问题,绝对可以放心。

多年来辛勤的努力总算有了结果。诺贝尔的生命,如同旭日东升,充满了欢乐、喜悦与希望,工厂里炸药的生产量也与日俱增。

第二年年初,德国矿业界人士前来订购大批的甘油炸药,甘油炸药此刻深受矿业界人士的注目而被称为诺贝尔安全炸药。

在矿山开采时,使用甘油炸药已成必然之事,而且从未发生过意外。由于挖掘矿坑的效率提高,一般矿山业主的利润剧增。每一个矿商都眉开眼笑,至于以前曾批评、诽谤过诺贝尔的人,如今也都对他表示极高的崇敬与赞许。

到了1867年5月,不仅德国国内订购,连英国也来了;9月,阿佛列的祖国瑞典也开始订购了。

"瑞典已经愿意使用,我总算是有机会为国家尽一点心力了。"阿佛列虽身在国外,但他从不忘记自己生长的祖国——瑞典。他一生都牢记要把握机会为祖国效力尽忠,因此瑞典订单的飞来是他最感欣慰的事。

"恭喜!恭喜!"除了父亲和哥哥以外,朋友们也都来信道贺。

一度被视为可怕的危险物品,现已成为赐福人类的大功臣。甘油炸药用途之广难以尽述,诸如隧道工程、铺铁路、挖掘运河、开山辟地、化荒丘为良田等。

采矿技术随着甘油炸药的运用,产生了伟大的革新,不仅铁矿被大量地开采,就是其他的金属亦源源不断地陆续为人们充分利用,因而加快了世界文明的进步。

诺贝尔的克鲁伯火药工厂在不断地扩展中,甘油炸药的生产额也一年年地提高。1867年,出厂的甘油炸药产量是11吨;1868年约增为78吨;接着又增为185吨;再过一年,它的产量是424吨;而后马上又提升为785吨。每年的产量都在直线上升,一直到1874年,甘油炸药的产量已爬升到了每年3120吨。

诺贝尔的声誉随着甘油炸药产量的急剧上升而传遍全球的每一个角落。

这种新型炸药很快就遍布全球，促进了世界文明的进步，然而在未遍及各国之前，却有一段艰难困苦的历程。

在设立克鲁伯火药工厂时，德国立即对甘油炸药加以认可并广泛使用，但其他国家并非如此，所以诺贝尔必须到各国去游说，阐明甘油炸药的使用价值。

1867年5月，甘油炸药在英国取得专利权，却不准在英国使用。

"真是怪事！授予专利却禁止使用？"

诺贝尔对英国的作风疑惑不解。他暗中查访，后来获悉，原来是阿培尔教授怕影响了自己的棉火药，所以极力反对使用甘油炸药。

诺贝尔向英国政府写信指出了阿培尔教授的错误观点，此后英国政府才得知甘油炸药是安全可靠的，并准许制造使用。

1871年英国在格拉斯哥设立英国甘油炸药公司，并在苏格兰的阿鲁尼亚设立工厂。后来这个火药制造厂成为世界上最大的火药厂之一。

不久之后，阿佛列来到法国，他很希望在这个令他难忘的法国设立火药工厂。

1869年春天，他抵达巴黎。巴黎方面早已闻知阿佛列的伟大业绩，尤其是一位名叫帕鲁·巴布的年轻企业家，对阿佛列超人的智慧与毅力佩服得五体投地。

巴布经营制铁工业，当他得知阿佛列来到巴黎的消息后，立刻去拜访他。

"诺贝尔先生，对于您伟大的研究工作我真是羡慕不已！尤其是您以前发明的雷管和此次甘油炸药的成功，我非常感兴趣。"

"谢谢你，我感到很荣幸。"

"我一直期望能在法国设立甘油炸药制造厂。"

"这可真巧，看样子，我们可以共同在巴黎开创事业了。"

因此，他们两人就向法国政府提出申请，但未能得到法国政府的许可。

原来火药在法国属于公卖事业，政府的火药公卖局只顾眼前的利益，不愿肥水外流，因此禁止甘油炸药在法国境内生产。

"我完全知道甘油炸药的威力和安全性。"

"这对法国将是一大严重的损失。"诺贝尔亦深表遗憾。

"更糟的是德国早已大量生产强力甘油炸药,万一德国与法国打仗,法国在军力上如何与德国对抗?"巴布忧虑地说。

"是呀!依目前局势的演变,战争将会很快爆发。"

果然不久后,德法战争爆发了。

当时的德国被称为普鲁士,这次战役就是历史上著名的普法战争。普军因使用甘油炸药,一连攻破法军许多重要阵地。法军虽尽力死守,但火药的威力比不上普军。因而法军屡次败北,而普军节节进击,最终攻入法国境内。

"普军使用的炸药威力太大,无法对抗。"参谋长向司令官报告。

"这该怎么办?"

"敌军火药的威力远超我方军火,希望我们也能采用高性能的炸药。"

"那是什么火药,难道不是棉火药?"

"我军目前使用的正是棉火药,但它连城墙都无法爆破。"

"那么敌军使用的火药是什么?"

"是甘油炸药。"

"甘油炸药?我好像听过。"

"那是瑞典人阿佛列·诺贝尔发明的,以硝化甘油作原料。"

"是阿佛列吗?我方为什么不制造呢?"

"有一个叫巴布的人,曾与阿佛列一起向我国政府申请制造,但未获政府批准。"

"这是什么话?快去请巴布到军司令部来,我要仔细地听听事情的经过,也许我们还来得及。"

参谋立刻去查访巴布的住所。

"找到没有?"

"他本来在巴黎近郊经营铁工厂,现在已应召入伍,目前正积极设法查找他所属的部队。"

"赶快去找!"

不久,参谋又来到司令官的办公室。

"报告司令官,巴布所在部队已查出来了。"

"在哪里?"

"在都尔要塞。"

"什么?都尔?都尔不是昨天已被敌方攻陷了吗?"

"是的。"

"唉,太糟了!已经没有办法了。"

尽管法国士兵非常勇猛,置生死于度外,但仍无法抵挡新火药的威力。法国不得不向普鲁士投降,结束了这场战争。

巴布在都尔陷落后,被普军俘虏,战争结束后又辗转回到法国。

"诺贝尔先生,这次我亲身体会到甘油炸药的实际威力,真是太可怕了!"

"你能平安回来就好。"

"甘油炸药使要塞的防御工事顷刻瓦解,很多士兵横尸战场。"

"那是必然的。"

"但那些伤亡的士兵,真令人惨不忍睹!"

阿佛列听到巴布的形容后,心中的凄楚油然而生,他又忆起了死去的幼弟艾米尔。

"甘油炸药竟然给人类带来痛苦,带来不幸!"阿佛列反复思索并深深地自责。

"不,您千万不可有这种想法,炸药本身无罪,是战争带给了人类痛苦。如能合理地使用,比如说开矿及土木建筑等,不是给人类带来了巨大的利益吗?"

听巴布这么一说,诺贝尔才稍觉心安。

法国战败后,拿破仑三世退位,重新组建了一个新的共和国。新生的共和政府为使法国能尽快壮大起来,计划在工业方面寻求发展,因此积极鼓励矿山开采和土木工程事业。

诺贝尔和巴布立刻向法国政府申请建立火药工厂,不用说,他们马上得到了法国政府的批准,在法国南部的柏立由设立了炸药工厂。

法国全面发展铁路工程和矿山开采,促使炸药工厂急速地扩大,炸药外销瑞士。

诺贝尔和巴布也在瑞士创立了一家炸药制造工厂。

炸药的大量生产与充分利用不断地向各国推进,意大利发明家沙布利洛看到这种情形,也不再保持缄默了。

他于1873年在意大利的托斯卡诺设立了炸药工厂,他以硅藻土和硝化甘油混合做火药,以"黑色素"为名出售。

炸药促进了许多国家在工业上的神速发展,不仅是先进的国家,对于发展中的国家更具有启迪作用。

可塑炸药

诺贝尔炸药的强大威力渐渐受到各国一致的认同。它不仅给采矿业、土木工程、铁路建设等事业带来了便利,更是改善了军事上的技术。

但人们总是求好心切,希望时时有更新的产品问世,那些从事开矿事业的人一再要求阿佛列进行更精良的研究、发明,希望出现一种比甘油炸药的威力还大的炸药。

诺贝尔又开始绞尽脑汁,他想:"甘油炸药由硝化甘油和硅藻土合成,硝化甘油的威力已经达到极限了。"

几番思索,他想到硅藻土只是土而已,它既不燃烧也不会爆炸,无法在爆炸力上起丝毫作用,但如果它本身具有爆炸力,情形就不同了。

诺贝尔灵机一动,想着有什么东西本身具有爆炸力,而又能取代硅藻土。

黑色火药以前已试过,它的吸收力不强,根本无须再考虑。

于是,他用硝酸氨、木屑粉和硝化甘油混合,虽然三种东西都能完全燃烧,但它的威力仍无法和甘油炸药相比。

"诺贝尔先生,甘油炸药中的硝化甘油经常从包装纸中渗透出来,您看可否加以改良,使它不再渗透出来。"有一天,一个矿业者向诺贝尔提出了这样的要求。

果然甘油炸药只要稍受挤压,硝化甘油就会从硅藻土中渗出。这是一种损失,是否有吸收力更强的东西可用来取代硅藻土?

日子一天天在流逝,但仍未找出更好的代用品。

早在1845年,瑞士的巴赛大学有位名叫薛庞的教授专门研究各种物质与硝酸的混合作用。有一次,他把棉花放入硝酸和硫酸的混合液中浸泡。

第二天，他把棉花取出用水清洗，棉花却丝毫没有被溶解的迹象，于是他把那块浸泡过的棉花晾干。晾干后的棉花比以前稍微硬一点，薛庞教授用钳子夹起棉花，放在酒精灯上烧。棉花"轰"的一声燃烧起来，不但没有烟雾，也不残留任何灰烬。薛庞教授大吃一惊，他发现棉花可以制成无烟火药，于是爆炸时不产生烟雾的火药棉问世了。

火药棉很快地引起了火药公司和政府当局的注意。因为它不产生烟雾，所以，不论用在大炮或各种枪械上，都不会被敌人发现射击的地点和位置。

当时机关枪已投入使用，但它的子弹是由黑火药制成的。发射后，很容易被敌方侦破发射的位置，同时烟雾也会干扰发射者的视线，因此机关枪在当时不能算是很有利的武器。

无烟火药早就是各国军队和兵工厂期待出现的产品，很多火药棉的制造厂相继兴起，开始制造无烟火药。但工厂常有爆炸事件发生，经常有新建的工厂在刚启动后就化为灰烬。

火药棉的危险性太高，无法继续生产，因此所有的火药棉工厂也都纷纷歇业。

当时，美国有一位名叫美纳尔的医科学生，发现了一件事。他使棉花和硝酸发生轻微的作用，制成了类似棉火药的药剂，这种药剂很容易溶解于酒精和乙醚中。

把液体涂抹在物体的表面上，乙醚和酒精会很快挥发，在物体表面上形成一层薄膜，这层薄膜就是硝酸纤维素胶片。

美纳尔是个医科学生，所以他的发明仍不离本行，很快地被运用在医学治疗上，这就是大家熟知的绊创膏的由来。

把硝酸纤维素涂在伤口上，它具有绊创膏的作用，美纳尔把他的发明制成水溶液出售，销路出奇的好。这种液体就叫"棉胶"（colloid），它一直被当作是水绊创膏来使用，有时也可当作糨糊用。

正是这种棉胶，引发了诺贝尔研制新产品的灵感。

一天，诺贝尔在实验室中不小心被玻璃割破了指头，他立刻在伤口上涂上棉胶，继续他的研究实验。不料，到了晚上，诺贝尔上床后，竟被手指疼地醒了过来。

"奇怪，伤口怎么了？"

疼痛是因其他药物渗透伤口引起的。

"咦,棉胶还是好好的,并未脱落嘛!难道伤口化脓了不成?"

他把粘住伤口的棉胶撕下,用水洗净伤口,疼痛似乎减轻了一些,他再次涂上新的棉胶,伤口已不再像先前那样剧烈的疼痛了。

诺贝尔回到床上,暗暗寻思:"到底是什么原因?一定有某种物质透过棉胶,侵入伤口。我睡前做了些什么?啊,对了!我摸过硝酸。这么说,硝酸具有透过棉胶膜的能力。"

诺贝尔突然有所醒悟,顾不得身着睡衣就奔到实验室去了。

"对!把硝化甘油和硝酸纤维素混合看看,这两种都是爆炸物质,硝酸纤维是固体,如果两者能完全融合,必能产生威力更强大的炸药!"诺贝尔作了如此的假设后,就立刻开始着手做。

他取出棉胶液和硝化甘油,以各种不同的比例混合。试验的结果,在某种比例下,他得到类似果冻一般软硬的胶质合成物。

"就是它了!"他兴奋地说。

这次实验做得非常顺利,在短时间内,他就制成了威力很强的火药。他凝望着放在盘中像果冻般的炸药,一瞬间,阳光爬上了阿佛列喜悦的脸,他早把手指的疼痛忘得一干二净了。

新发明的硝化甘油仍是无烟火药,是由硝化甘油和硝酸纤维素所制成的果冻状的胶质物,可塑性很高,所以我们就称它为"可塑炸药"吧!

可塑炸药有着极为强大的爆炸力,因为它的合成成分已不再是硅藻土,而是本身具有爆炸力的硝酸纤维素。

甘油炸药中的硅藻土,只能作为吸收硝化甘油的混合物,而硝酸纤维素可与硝化甘油完全融合成一体,形成果冻般的胶质。

无论在运输或使用上,可塑炸药与甘油炸药的安全性是不相上下的。而且任凭挤压,可塑炸药中的硝化甘油绝不会离析出来。

"诺贝尔先生,这真是个了不起的发明,请赶快发表出来让世人见识一下吧!"诺贝尔的助手理德·贝克向他建议。

"凡事不可操之过急,对于采取哪一种比例调和,用哪一种硝酸纤维素最为理想,还得作一番仔细的研究。"诺贝尔慎重地表示。

诺贝尔做了各种浓度不同的硝酸纤维素,也就是改变棉花和硝酸的作用,使棉花的硝化度由高至低做了各种程度不一的硝酸纤维素,并且再以各种不同的比例和硝化甘油混合。他一共制成了250种混合物,再一一试探其性质的优劣和作用的强弱。

理德·贝克对炸药的研究有浓厚的兴趣,因此他能够成为一个认真而热心的好帮手,不仅协助诺贝尔做各项试验,也负责设计制造机械方面的工作。

新制成的火药由于可塑性极高,所以适合于各种用途,也因此制成了各种形态。根据不同的用途,炸药可分为:特级炸药、凝胶(Jelly)炸药或类似果冻般的可塑炸药等。

在各种形态的新产品中,以果冻状的炸药最为安全且威力最大,它是由7%的硝酸纤维素混合硝化甘油而制成的。

这种混合硝酸纤维素的炸药,爆炸威力远远大于纯硝化甘油。

"诺贝尔先生,这种炸药的威力真是强劲,但放在铁板上敲打毫无反应,这是怎么回事?"理德·贝克惊奇地问。

"是啊,这种结构的炸药,才算是完全的成功。"诺贝尔内心充满喜悦地回答。

"岂止是成功,简直是成功中的成功!"

"为什么?"

"因为这种新炸药不怕潮湿,在水里也可照常使用。"

"哈哈!也许还可以用来捕鱼呢!"

"嗯,我们就以渔业用炸药来作宣传,如何?"

"我想,它真正的用途还是在港湾建设时,用来爆破水底岩石,比捕鱼要来得更恰当而且更有意义。"

"有道理!以前发明的甘油炸药使矿山开采、隧道修筑、铁路建设等事业勃然兴起,如今又可使水底工程、港湾建设欣欣向荣,这种贡献真是太伟大了!"

阿佛列·诺贝尔继甘油炸药之后,又发明了硝化甘油系无烟炸药,为人类谋求了更高的利益服务。这是在1878年完成的。

这种炸药很容易塞入岩石的孔穴中,而且可用纸来包裹。不仅使用、包装简便,在威力方面,也绝不逊于甘油炸药,这是新产品的最大优点。由于运输以及工程现场作业的便利,硝化甘油无烟炸药备受矿业、土木业者的欢迎。

不过,它也有一个缺点,价格稍嫌昂贵,但这并没有影响它的销售,很快便在世界各地畅销。

果冻状的硝化甘油系无烟火药,目前在世界上仍被认为是最好的炸药。

当一件新产品问世后,并不以此为满足,反而全身心致力于创新研究的精神,正是阿佛列成为一个伟大发明家的最大本质。

为和平着想

甘油炸药、硝化甘油系的可塑炸药等强力爆炸品的出现,使火药事业发生了显著的变化,从欧洲国家扩展到了全世界。

"我这样做对吗?"阿佛列心中虽有满足的喜悦,却也难免不安、焦灼和自责。

"我还要继续制造威力更强大的火药吗? 不! 我不能,那种无法抗拒的威力,将使人类走向自绝之路。"艾米尔的惨景又浮现在了他的眼前,他心中绞痛难安。

这位举世闻名的伟大发明家和企业家又产生了另一个想法:"不要太懦弱! 科技文明的进步将永无止境,任何一种事业将如大海中的浪涛一样不断地向前涌进,火药事业不会因我的停止而滞留不前,它照样会继续强盛,迈向更新的里程。"

这样的念头不久又被仁慈善良的一面所淹没。

"硝化甘油、甘油炸药所造成的事故,不知牺牲了多少无辜的生命。普法战争中士兵惨重的伤亡,是历史上任何一次战争都难与相比的。

"这些惨痛的事件,难道不是我一手造成的? 难道不是我的罪过?

"不! 即使我不发明炸药,它也会有出现的一天。

"但我不愿意让众人唾弃、指责,称我是罪魁祸首,带给人类无穷的灾害。"

复杂的情绪像乱丝一样缠绕着阿佛列。

"不要想这么多了,这些讨厌的问题会使我神经衰弱的。"阿佛列不想作茧自缚,只得如此自我安慰。

从小就崇拜雪莱的诺贝尔,深受他博爱和平主义的影响。但因父亲事业的关系,他自幼就出入于武器制造场所,喜欢研究火药、设计机械。

这两种极端的心态，使他感到矛盾、烦乱。

"火药是杀人的武器？

"不！是开辟道路、挖掘矿石、促进文明的利器。

"可是枪和大炮都因火药而使城镇、要塞被毁，士兵的伤亡不计其数。

"但火药也使工业发达，改善了人类的生活。

"火药具备多种用途，只要正确地运用，它并不会危害人类。不论是用于战争还是和平，这都是使用者的事，与制造者完全无关。"

两种思想的反复抗争使阿佛列的心潮翻滚、激荡。

"这样自责根本无济于事，这完全是战争带来的痛苦，只要战争彻底消失，火药便是世界上最大的功臣，让可恶的战争绝迹吧！"

任何时代，都有热切盼望和平而愿为和平努力的人，阿佛列年轻时也是一位热血青年，曾为实现理想而参加和平运动。

通过和多人交谈，请教专家学者以及自身所得的经验，他知道单单靠和平运动，根本无法消灭战争。

"你们的理想虽然崇高可敬，但是世界和平只凭贴标语或演说的形式就能实现，就能使战争销声匿迹吗？我不敢苟同！"

"诺贝尔先生，您放心好了！只要我们向世人阐明和平之可贵以及战争的罪恶，相信没有人会愿意让战争与人类共存的。"

"理论上也许如此，但世界并非如你所想的那样单纯，有谁不憎恨战争带来的灾害？但它依然存在，这是无可避免的呀！"

"事实与理论虽有出入，但我们的努力不可能白费，我相信多少有几分作用吧。"

"或许吧！总比完全不做强得多，但高唱和平对消灭战争而言，仍是无济于事。"

由于对事实强烈的认知，阿佛列不再参加无意义的和平宣传运动。但这并不表示他放弃和平主义，他想以另一种更有效的实际工作促使和平早日实现。

阿佛列苦思着有什么办法才能使战争与人类世界完全绝缘。

父亲健在时，阿佛列曾问起过这件事："爸！你认为如何才能使战争绝迹？"

"我真不知道如何回答你,因为目前我的工作正是制造能使战争全面获胜的有效武器。"

"是否将来的人类会具有更高的智慧来遏止战争发生?"

"我不认为,现代人类的智慧已经相当惊人。"

"爸,兵器和火药不断地进步,将来人类一旦发生战争,岂不要灭绝了?"

"哈哈!你似乎想得太严重了,人们不会那么傻,如果真有足以毁灭人类的强力武器,他们就不敢轻易大动干戈了。正因为这种超威力的武器永远不会诞生,所以人类永远有战争存在,我们的诺贝尔公司才能永远生存。"

"如果制造出像父亲所说的超级强力炸药,那……"阿佛列对父亲的想法颇表赞同。

"对了,我何必一再地内疚,我要继续研究,希望能制造威力更大的火药,或许这也是遏止战争的方法之一。而且火药能促进文明的进步,改善人类的生活,是有益于人类的发明。"

这样的念头,使阿佛列错综的思绪稍稍得以平静。为了人类和平,他要继续研究,发明出威力更强大的火药。他暗下决心说:"我有信心制造出更强大的火药,我必须在世界上留下和平的功绩。"

阿佛列研究成功的硝化甘油、雷管、甘油炸药乃至果冻状的可塑炸药使火药得到了革命性的更新,也因为这种种伟大的成就,使他更有把握、更有决心、更有毅力去实现他的理想,制造足以遏止人类战争的强力炸药。

"我的发明,虽被人们错误地作为战争利器,使许多人因此丧失了宝贵的生命;但若被正确地利用,却促进了工业的发展,使人类文明充满蓬勃朝气的功劳也不可抹杀,两者相抵,也算功大于过吧!"

诺贝尔的想法在当时是对是错,姑且不论;但就以今天我们的立场来说,他的想法确实有可取之处。

自从原子弹、氢弹等不可思议的强大毁灭性武器的发明以来,人们深知其后果的严重。除了一些传统式的零星战斗外,各国都不敢轻易发动战争,否则只有同归于尽了,这正是所谓的"以战止战"的道理。

诺贝尔按照自己的想法,努力地去实现他的理想,虽然他没有制造出足以遏止人类战争的火药,但他对人类文明进步的伟大贡献是无法磨灭的。

他事业上的成就使他拥有了大量的财富,这笔可观的财富在他死后都以和平的名义作为奖金,留给了后世。

他设立诺贝尔奖,正体现出了他至死不忘和平主义的精神。他一生鞠躬尽瘁,为世界和平努力的精神,正与日月长存,历久弥新。

诺贝尔火药

"硝化甘油系的可塑炸药具有与其他炸药迥然不同的特性。"诺贝尔对他的助理说。

"有何不同?"

"其他火药都是固体混合物。"

"是的。"

"黑色火药是由硝石、木炭、硫黄混合而成,甘油炸药则是硝化甘油渗入硅藻土中制成的。"

"嗯,有些还加入木屑……"

"就是这个意思。"

"那么这种可塑炸药的组成成分是什么?"

"它的外形就和名字一样可以随意塑造,又像果冻的模样。它是在硝化甘油中加入微量的含有硝酸纤维素的火药棉制成的。"

"换句话说,它的每一个部分的组成都是均匀的!"

"是的,任何一种火药都无法像它一样均匀。"

"就是这样!"

助理们对阿佛列的解说仍不甚了解。

"你们还不懂吗?只要炸药本身的每一个部分的组成成分相同、含量一致,它们就可以同一速度进行燃烧。"

"这有什么用处?"

"你们的反应也太迟钝了!火药不仅要用在矿石爆破、开凿隧道上,还要用在更精密的事物上。"

"我知道了,譬如用在大炮上,就可以使子弹以适当的速度发射出去。"

"哈,你们总算想通了!如果你想瞄准远处海上的军舰,这个目标既远又小:若子弹速度太快,必会飞越军舰;若是太慢,还没有到达目标就会进入海中。所以要有高命中率,就必须使火药以适当的速度爆炸。"

"哦,诺贝尔先生,难怪用黑色火药来发射大炮和枪械时,命中率都不高呢!"

"是呀,必须在短距离内才能打中。"

"诺贝尔先生,你是想用可塑炸药来作为大炮的发射火药吗?"

"不!可塑炸药虽具有同速爆炸的性质,但不适宜作发射火药,它的用途有待详细研究。"

"诺贝尔先生,你从事火药研究,完全是为了制造武器吗?"

"不,我仍然是和平主义者,但光凭口说是无法消灭战争的。所以我希望能制造出威力更强大的炸药,因它的爆炸力能造成不可思议的严重后果,这样才能吓阻那些好战人士,使他们不敢轻易发动战争。"

"那就是说你要制造出威力更强大而且发射准确的火药啰!"

"是的,就是要对硝化甘油系的可塑炸药作更深入的研究。"

诺贝尔于是从硝化甘油系无烟火药开始着手,希望能生产出各部分均匀且能完全燃烧的火药。

诺贝尔和他的助理们共同研究,把硝化甘油和火药棉以各种不同的分量混合后加以凝固,制成棒状、板状及颗粒状,以便研究它们的爆炸性质。

"嗯,这种调配最恰当,硝化甘油和火药棉成分各半。"

"嗯,不错,再加入 10% 的樟脑。"

"咦,樟脑?那不就像赛璐珞了吗?"

"是呀,这就是赛璐珞的一种,只是在硝酸纤维素中多了硝化甘油,所以着火后非常厉害!"

"的确,真是可怕的赛璐珞!"

"这可不能作为玩具和人偶的材料!"

由硝化甘油和火药棉做成的胶质炸药,也称为塑胶炸药。

把做成棒状的火药拿来点火后所得的结果,经多次记录比较,都是以同样的速度完全燃烧。

"诺贝尔先生,这真是完美的实验!"

"嗯,完全成功了!这种火药不只可用来爆炸,还可能有更广泛的用途呢。"

"真不可思议!"

"我们马上用大炮试试看。"

于是诺贝尔定制了一个实验用的小型大炮。

经过多次试验,在大炮中装入的新火药,每次都能使炮弹准确地命中目标,分毫不差。

"诺贝尔先生的想法果然正确,你不仅在火药的革新方面有重大成就,如今在发射炮弹火药方面也有了革命性的创新。"助理们钦佩万分。

"这么粗重的大炮,竟有这么高的命中率,你们没想到吧!"阿佛列得意地笑着说。

"从此以后,战争的形式可能又要改变了!"

"诺贝尔先生,您这话是什么意思?"

"这就是说以前旧的炮弹只能对视线所及的物体发射炮弹,万一没有瞄准,还要重新调整炮口。如果炮弹落在目标的前方,炮口要往上抬;如果炮弹落在目标的后面,炮口就要往下落。总之得经常移动,有时候调整好几次,也不一定能击中目标。"

"新的发射炮弹……"

"新的发射火药也就是塑胶火药,只要能测出准确的距离,并调整火药的强弱以及炮口的方向,稍加计算就绝对可以命中目标。"

"这样不但方便省事,更不必再浪费炮弹了!"

"它不仅适用于眼力可及的范围,就是无法看见的物体也能被击中。"

"啊,看不见的物体?"

"是的,比如说遥远地平线那端的敌人或隔山的目标。"

助理们无不愕然,诺贝尔看到他们半信半疑的神情,继续解释说:"当然,对于不可看见的地方,我们必须有正确的地理概念,也就是熟悉它的方位。只要炮身角度准确,那么,射出的新炮弹绝不会出错。即使是我们看不见的目标,也可以命中。"

"真厉害!但真的准确无误吗?"

"你们等着瞧吧,这个理想很快就要实现了。"

大炮技术的改良,果然被诺贝尔言中,成为活的精密机械。

不久,炮击就在不可见的双方展开了。例如海军舰队,双方互不可见、彼此相距遥远,但炮弹仍能击中对方。

近年来人类登陆月球的壮举,也是同一技术进步的结果,火药以其准确的速度完全燃烧,推动太空船到达目的地,实现了前所未有的空间探索。人类竟能登陆月球,岂是前人所能想象的?

火箭的发射,是靠内部火药燃烧产生强大的喷射气体的反作用力,推动火箭飞行的。

燃烧气体喷出的速度若不合理,火箭就不能准确地发射。它飞往月球时的速度是每秒11200米,每秒间的最大差异不超过1米,其精确度可想而知了。

人类文明能进入太空时代,诺贝尔的研究功不可没。

"真令人难以想象!诺贝尔先生你决定如何命名?"

"这……"

"就叫它诺贝尔火药如何?"

"是不错,但怕它会与甘油炸药混淆不清。"

"哦,说的也是。"

"这种无烟火药既然具有推动火箭飞行的功能,我们不如就叫它飞行炮弹吧。"

"好!"

于是由硝化甘油和火药棉制成的飞行炮弹诞生了,但也有人管它叫诺贝尔火药。

遭受迫害

"听说诺贝尔又有新发明了,是真的吗?"诺贝尔飞行炮弹的发明完成不久,消息很快便传到了法国陆军总司令的耳中,就在他的办公室里,参谋长立刻被召来问话。

"是的,司令官!诺贝尔已将此项新发明正式公开,是一种适用于大炮的发射火药,名叫飞行炮弹。"参谋长回答。

"具有多大威力?"

"我也没见过,既然是诺贝尔的发明,想必不是马虎草率的东西。"

"组成成分呢?"

"据说是硝化甘油和火药棉。"

"是无烟火药的火药棉吗?"

"是的。"

"就是以前我国发明的B火药吗?"

"不完全相同。"

"我国自制的B火药,使用效果如何?"

"很不错。"

"是吗?那么我们法军就不必用外人发明的火药了,而且为了维持我国的威信,也该使用自制的B火药了。"

"是的,长官说得有道理。"

法国军部对诺贝尔的新火药虽有浓厚的兴趣,但由于诺贝尔显赫的声望被司令官嫉妒,所以他不愿购买新火药来助长诺贝尔的声望,决定使用自制的B火药。

"报告司令官,诺贝尔是一位非常了不起的发明家,万一他的火药比B火药更有威力,那该怎么办?"

"嗯,这是很有可能的事,所以我们必须在新火药制造工作尚未进入正轨之前,施加压力以破坏这项工作。"

"要如何采取行动,总司令?"

"你等着瞧,我一定会找到机会的。"

阿佛列根本没有防到这一招,他仍继续从事着飞行炮弹的研究和它的新功能宣传工作。此刻的阿佛列虽留居法国,但法国政府明显地表现出了对他所发明的火药漠然无视的态度。

"法国当局真是愚蠢!以前普法战争中惨痛的教训仍未使他们觉醒。"诺贝尔对法国政府很是失望。

当时最重视诺贝尔发明的是意大利,意大利政府希望能与诺贝尔建立商业往来。

"法国忽视我的发明没关系,只要有其他国家重视它、承认它,我就满足了。"

诺贝尔欣然接受了意大利政府的要求,同意售货给意大利。

让我们再把话题回到法国陆军司令的办公厅吧!

"你看,诺贝尔真是个危险的小人,他住在我们国境内并且做起生意来了,如今还想把重要的军事装备卖给其他国家,这像话吗!"陆军司令气势凌人地说。

"是呀,如果再不加以制止,恐怕有损我国的利益!"

"我们要先下手为强!"

向诺贝尔购买飞行炮弹的意大利政府进一步希望在国内制造这种新火药,于是要求诺贝尔出售专利权,并请他教授制造方法。诺贝尔亦欣然应允,以50万里拉作为交换条件。

"诺贝尔竟敢把火药制造法售给意大利,真是可恶!快,快想办法制止他。"法国陆军司令正式下令处置诺贝尔。

"报告司令,用什么罪名?"

"就以违反法国火药公卖法,封闭他的工厂,并将所有机械工具等一并没收。"

"是!"

法国政府竟以如此卑下的手段来对付一个对世界有伟大贡献的发明家,真是出人意料!

一天早晨,警察闯入了诺贝尔工厂的实验室。

"这是怎么回事?"诺贝尔诧异地问道。

"你违反了火药公卖法,现在我们要查封你的工厂。"警员喃喃地念着查封书上的理由。

"真是笑话!什么叫违反公卖法?我多年来一直从事这一行业,曾给法国带来不少利益,你们竟来封闭我的工厂,简直无理取闹!"诺贝尔勃然大怒道。

"你不必多费口舌,我们只是奉命行事罢了!"

警员们开始动手执行公务,诺贝尔表示强烈的抗议。

"这是我私人的研究室,不属于工厂任何一个部门,你们擅闯民宅,难道不怕违犯法令?"

警察对诺贝尔的抗议丝毫不予理会。他们一拥而入,把药品、实验器具以及小型大炮等统统带走了。

"真是无法无天,岂有此理!随便捏造一个罪名诬告我、破坏我的工厂,B火药算什么?真正会遭受重大损失的是你们法国,我也不想再留在这种国家了!"

阿佛列决定离开久居的法国。他希望能够回到祖国瑞典去,但在意大利的飞行炮弹火药工厂已经落成,而且意大利是一个气候温暖的国家,经过再三的考虑,他终于决定前往意大利定居,这是1890年的事。

诺贝尔收拾了研究所中残余的器物,起程前往意大利的圣利摩设立研究所。

诺贝尔的飞行炮弹炸药并未因法国的破坏而一蹶不振,反而受到世界各国的承认与重视。1884年被推举为瑞典皇家科学协会会员,接着又成为伦敦皇家科学协会会员,巴黎的技术学会也邀请他入会。

诺贝尔从此定居意大利。

没想到飞行炮弹却给诺贝尔又带来了一件不愉快的事情。

有一天,诺贝尔正在阅读一份英文杂志,突然吃惊地说:"这是怎么搞的?可鲁特炸药和我的飞行炮弹不是一样的吗?阿培尔怎会做出这种事来?"

"阿培尔怎么了?"

"这份杂志提到阿培尔对火药棉的特殊贡献,说他将火药棉和硝化甘油及少量的凡士林混合制成胶质炸药,塑造成各种形状,这些全都是很早以前我告诉他的。"

"他们在发表的文章中说这些都是阿培尔的发明吗?"

"是啊。"

"阿培尔和诺贝尔先生很早就有来往,在火药研究方面也经常交换意见,他对飞行炮弹的成分自然很清楚,如今竟窃为己有,真是太不应该,太没有道义了!"

诺贝尔气愤之余,立刻向英国提出控告,说明阿培尔的可鲁特炸药事实上是包含在他所发明的飞行炮弹专利范围之内的炸药。

虽然法院受理了这个案件,但英国当局拒不承认,因此可鲁特炸药竟成了英国人的发明。

这件事情使诺贝尔遭受了一生中最严重的创伤,他很痛心。尽管在法国曾受到无理的迫害,财物损失严重,但他的名誉丝毫未受损害。如今他辛勤努力的结晶却轻易地被人剽窃,变成了别人的荣耀,这对于一个发明家来说,何者可忍,何者不可忍?

诺贝尔因过度忧郁而病倒了。

在这段沮丧的日子里,他曾写信给住在英国的朋友。

"人不该只为一点损失就小题大做,我也不例外。如果是个人,做错了事还情有可原;但堂堂一个国家背弃道义,我实在无法想象他们何以还能安然立足于世?

"真是荒谬至极!因为此事,我在法庭上诉失败,赔偿了两万八千英镑。唉,真是一个可怜又可笑的发明家!"

从这封信的字里行间,我们可以体会到当时阿佛列那种激愤、失望的心情,以及无法拭去的悲伤。

但由于他制造的无烟火药具有最佳性能,因此世界各国均竞相采用。意大利、德国、奥地利、瑞典、挪威等国的陆海军无不为飞行炮弹欢呼,甚至英国也不例外。

诺贝尔因为飞行炮弹而遭受许多横逆、阻难,但飞行炮弹也为他带来了可观的财富。

……

最后的辉煌

"我已年迈,虽然事业蒸蒸日上,毕竟岁月不饶人啊,我还能度过多少个寒暑呢?"有一天,诺贝尔感伤地思索着。

他这时已 56 岁,是一个头发斑白的老翁了。

"人生不过数十寒暑,我了却余生之后,又将如何?"诺贝尔对逝去的岁月不禁黯然,"我在事业上所获得的财富,难以数计,这笔庞大的财富在我死后又有何用?既无法带入地府,又无人继承。我必须在一息尚存的日子里,做出有意义、有价值的安排。"

诺贝尔希望找到最适当的方法来实现遗产的用途。

"实在百无头绪,幸好我尚未到老死的地步,还有时间做长远的计划。"

岁月无情地流逝着。

"我一步步地走向死神,事情却毫无着落。如果我找人商榷,恐怕又有一大群要求捐献的人!"

他首先考虑到捐款给斯德哥尔摩医学专科学校。

"医学是人类幸福中最重要的一环,为使人类减少病痛,健康幸福,必须大力支持医学研究工作。因此拨出一部分财产作为瑞典卡洛林斯卡研究院的研究资金,这是件很有意义的事。"

诺贝尔决定捐助斯德哥尔摩的医学研究和补充医院的设备。

"只要我成竹在胸,其他的琐事就让别人去操心吧!"

1893年,诺贝尔拟好遗嘱:"以医学为首,其次是世界和平。我该为世界和平尽点心意。"

诺贝尔以17%的财产作为卡洛林斯卡研究院和瑞典医学界、维也纳和平协会、巴黎瑞典俱乐部等组织的基金。

"总算解决一部分问题了,至于其余的财产应该以全人类的幸福为前提。瑞典是我生长的故乡,为了祖国的繁荣,贡献我个人的力量,是理所当然的,但只考虑到我的国家、我的民族,未免心胸太狭隘了。这种地域观念正是阻碍世界通往大同之道的绊脚石!"

诺贝尔虽属瑞典籍,但他的足迹遍及欧美各国,曾受到许多国家的关照。

"我生于瑞典,长于俄国,在美、法接受知识的启蒙,又曾到德国养病,如今在意大利安度余生。建立在各国的甘油炸药公司使我获得了各界人士的支持与最大的利益。"

他回忆过去,深深感受到自己与世界各国不可分割,根植于内心的爱国情操已扩展为伟大的爱。"追求幸福是人类的欲望,享受幸福是人类的权利,我的财产只有用在消除战争与促进文明进步上,才能发挥最大的功效。仅仅使瑞典独享幸福,并非上上之策。"

为了全人类的幸福,1895年11月27日,诺贝尔为遗留给人类的庞大财富拟好了用途,写下一份详细的遗嘱:"凡是对世界有重大贡献者,应当给予奖励。

"为了真正的和平,这项奖励不分国籍、不分种族。人种歧视是战乱的根源,人类虽然有肤色上的差异,怎能因此判定其优劣?何况任何一个种族都有成就大事的伟人。歧视别人,是最愚昧无知的行为!"

因此,诺贝尔奖的受奖人,不受国籍、种族与信仰的限制。

哪一种成就才具有受奖资格?首先,他想到科学,因为科学是改善人类生活的第一推动力。可是科学的门类不胜枚举,若不指明,就显得太笼统了。

与人类最近的就是日常所需,诸如机械、电动器具等,这是物理学的范畴,应该设立一项物理奖。

至于物理制品的产生过程中少不了化学方程式,可不能忽略了自己的本行,也该设立一项化学奖。

于是,物理奖和化学奖由此产生了。

诺贝尔喜爱文学,常在工作之余欣赏和创作文学作品,他认为文化的传播具有风行草偃的力量。文学能揭示人性与社会的真实面,引导人类走向中正之道,因此具有启发作用的文学作者也应该受到奖励。

只要是有内容、有思想,能辨别是非善恶、主持公理的优秀作品,便可入围。

于是,文学奖也诞生了。

他仍觉得有所欠缺,身为一个和平主义者,怎可忽视对人类和平有贡献的人呢?

"能消灭战争、促进和平的人也该列入受奖名单,但是应以何种名誉受奖?嗯,就叫它和平奖吧!世界上任何一个角落,都有为争取人类真正和平而与邪恶对抗的人,他们的功劳不该受到冷落。"

诺贝尔立刻写下遗嘱,决定在他死后把遗产的全部利息分为五等份,设立五个不同的奖项。

当时诺贝尔的财产总数已达3128万克伦,折合英镑约170万。这笔巨款存放在银行,把每年的利息作为"对人类幸福最具贡献者"的奖金。

根据诺贝尔的遗嘱,利息必须分为五等份,作为五种奖金颁发。至于受奖的人选,在物理、化学方面必须由斯德哥尔摩的卡洛林斯卡学会决定,文学方面由斯德哥尔摩学术院审查,和平方面则由挪威议会的五人委员会决定。

"我已尽全力为人类和平幸福作了最后的努力,多年来心中的不安今已尽释,我可以安心离去,死而无憾了!"诺贝尔卸去双肩的重担,顿感轻松无比。

"能像我一样幸运,终身幸福的人实在不多!"虽然年老行动不便,但躺在床上的诺贝尔终日笑颜满面,愉快地写着小说。他自嘲说:"纵使其他的奖我已无望,但我还能写小说,争取文学奖哩!"

诺贝尔的晚年是安详平静的。

永恒的遗嘱

立完遗嘱后的诺贝尔，心情一直是愉快而开朗的，他经常在病情好转的时候，从事研究或写小说。

"我已创下了辉煌的事业，在死后也能留给人类大笔的财富，虽然今后我所能做的只是微不足道的事情，但我仍愿努力。"

诺贝尔已如风中残烛，加上关节炎和心脏病的折磨，更显得憔悴、衰弱。他自忖说："我快不行了！"

诺贝尔虽已坦然一无牵挂，但仍无法掩饰老年的寂寞，如今只有二哥路德伊希的儿子伊马是他唯一的亲人。

侄儿伊马非常敬爱叔叔，诺贝尔去世前两年的生活全由伊马负责照顾。他力求舒适，以便让叔叔静心疗养。

"关节炎毫无好转，我可能不久于人世了！"有一天，诺贝尔对侄子说。

"不会的，叔叔，这里风景十分优美，只要您安心在别墅中静养，一定会好的。"

诺贝尔因病情日趋恶化，必须前往巴黎治疗，所以别墅又恢复了先前的空寂。

风湿带给他肉体上的痛苦，虽不至于危及性命，但心脏病的病情不断地恶化。

"难道医学上对心脏病的治疗始终没有进步，也没有发明什么新药物吗？"

"没有，目前仍旧以硝化甘油的制品最为有效。"

"如果我的心脏病能够痊愈，那么硝化甘油真的成了我一生中的幸运之神了！"诺贝尔调侃地说。

1896年11月，诺贝尔病情稍见好转，于是回到了圣利摩。他知道自己将不久于人世了。

圣利摩研究所的一名技师前来探望他，并向他作了更新的硝化甘油炸药的研究报告。

"太好了，你们几位能继我之后，努力作更精良的研究，是我最大的安慰,也只有这样,才能叫我死后瞑目。"

"您千万别这样说,我们还等着您回来继续指导呢。"

"不用安慰我,自己的身体只有自己最了解。"诺贝尔微笑着向桑德曼说。

"您千万不可如此消沉。"

"那当然,我已为人类的和平与文明尽力了!"

"是的,这是世人公认的。"

"对于我身后之事,在遗嘱中已有详细的交代。"

"我已听说了,诺贝尔先生您实在太伟大了!"

"我现在还有一件事,希望你能替我传达。"诺贝尔睁大了眼睛认真地说,"从公共卫生的观点来看,土葬是不合理的,所以我希望能火葬。"

"诺贝尔先生,您先别这么说。"

"不!我是当真的。本来这件事我在遗书中已交代得很清楚,但又害怕被火烧时,会有痛苦的感觉,所以我的遗体一定要在死后两天才可送去火葬,以免我在火炉中复活。"

"哇,您的想法真叫人害怕!"

"我诚心地托付你,因为我的日子已经不多了,这个问题总是要解决的。"

诺贝尔继续对他说:"我何尝不希望能恢复健康,和你们共同研究呢?"

"当然,您一定会的!"技师不断地安慰诺贝尔。

但他终究无法抗拒死神的召唤。

12月7日这天,诺贝尔写信告诉桑德曼:"你的报告资料,我感到十分满意,我想硝化甘油炸药已进入最高层次了。

"无法再和你们共事,是我最大的遗憾!

"今日我连写这封短信都感到非常吃力。"

写完这封信的几小时后,诺贝尔心脏病复发,痛苦地躺在了床上。

第三天,也就是1896年12月10日晚上,他告别了人世。享年63岁。

伟大的诺贝尔永远与孤寂为伍,直到临死,在他的身边仍见不到一点家庭的温暖与亲人的悼唁。

但他并不是一位无法排遣寂寞、悲伤不振的人。他有丰富的情感，以及至死不变的爱心。

追悼会在圣利摩的米尼德庄举行，巴斯特也特地从巴黎赶来参加。此外，还有瑞典派来的追悼代表团。

诺贝尔的遗骸很快地从圣利摩移回瑞典，在12月29日正式举行葬礼，并将他安葬在家人的身旁，完成了诺贝尔最后的心愿。

一位绝代的伟人留下了旷古的事业，从此与大地同眠。他大半辈子都奔走他乡，如今总算落叶归根，重回祖国怀抱了。

北欧的瑞典，漫长的黑夜与白昼柔弱的阳光正迎接着伟人的灵魂，并且守护着他的遗体，相信这也是全瑞典同胞所乐意做的。

前面已提到过诺贝尔的遗嘱，他把大部分的财产都奉献给对世界文明有贡献的各种人才，鼓励那些聪明睿智的人永远要为人类造福。

"诺贝尔先生伟大的胸怀、缜密的思虑，真叫人敬佩！"

"阿佛列·诺贝尔不是一位普通的企业家或发明家，他不因暴利而致力于发明，是人类文明进步的领袖！"

大家对诺贝尔的遗志，感叹不已。

"就把奖金命名为诺贝尔奖吧！"

"诺贝尔奖？"

"太好了！"

从此诺贝尔奖成为世界性的奖赏，也是全球最高的荣誉。

诺贝尔伟大的精神永远活在诺贝尔奖中，与世长存。